U0017902

貝佐斯_的
致 ▸ 勝 ◂ 溝 ▸ 通

亞馬遜稱霸全世界的溝通祕訣

THE
BEZOS
BLUEPRINT
Communication Secrets of
the World's Greatest Salesman

Carmine Gallo

卡曼·蓋洛————著　呂佩憶————譯

獻給世界各地的夢想家

　　貝佐斯給亞馬遜股東的第一封信，應該是每一位企業家的必讀之物。我把這封信放在桌上的文件夾裡，每年至少重讀一次。在這本書中，卡曼・蓋洛審視了貝佐斯二十多年來的致股東信，為每個有故事可講的人傳授寫作和溝通策略。

　　　　——馬克・藍道夫，Netflix 共同創辦人兼執行長

　　在我擔任美國海軍上將和北約盟軍最高指揮官的生涯中，當我要公開發表演講時，我經常會深入研究卡曼・蓋洛關於賈伯斯溝通技巧的書。卡曼・蓋洛現在將目光轉向另一位有遠見的商業領袖貝佐斯，他分析了這位亞馬遜創始人的大量著作和演講，以尋找獨特且有效的見解，這將幫助任何人提高他們的溝通技巧，強烈推薦給各級領導者！

　　　　——詹姆斯・史塔萊迪（James Stavridis），美國退休海軍上將

蓋洛用說服力、故事結構和一切的核心——簡單，來說明貝佐斯的溝通方式。

　　　　　　　　　　　　　　　　　　——《紐約時報》

　　溝通教練蓋洛分析亞馬遜創始人貝佐斯的溝通方式，教我們如何成功地演講和寫作。這本書是專門為商業專業人士而寫，從貝佐斯過去二十多年發表的演講和股東信中汲取教訓。本書是提高溝通技巧有洞察力的指南。

　　　　　　　　　　　——《圖書館雜誌》（星級好評）

　　深入研究亞馬遜創始人貝佐斯使用的溝通策略⋯⋯對企業家和從事專業溝通的人都有幫助。對如何傳達令人信服的訊息，進行了有益和資訊豐富的研究。

　　　　　　　　　　　　　　　　　——《出版者周刊》

　　貝佐斯的成功有很多祕訣。無論你在組織中的級別如何，你都可以應用到工作中的，就是他用通俗易懂的語言來寫作和說話。蓋洛記錄了高層領導人的溝通習慣，他建議「用簡短的語言來談論困難的事情」。這是一條值得走的路。

　　　　　　　　　　　　　　　　　——《環球郵報》

蓋洛是一位溝通大師，在這個主題上有一系列暢銷書。他在貝佐斯這位億萬富翁建立帝國的過程中，對他身邊的人進行了多次採訪。這本書擁有亞馬遜式的效率，安排了具體練習，可將貝佐斯的思維方式應用到你的公司或工作中。
——《金融時報》

　　溝通教練蓋洛的新書，強調了亞馬遜創始人貝佐斯的信念，即簡潔是成功的靈魂。
——AXIOS

　　這本書是必讀的。根據蓋洛的說法，「當你簡化複雜的主題時，你並沒有使內容變得愚蠢。你比競爭對手聰明多了。」
——THE BIG IDEA BOOK CLUB

　　這本書強調了貝佐斯為建立亞馬遜而開創的領導力和溝通策略。
——Inc.雜誌

目次

CONTENTS

永遠都是第一天

2004年的夏季，亞馬遜執行長貝佐斯（Jeff Bezos）做了一個令全公司經營團隊都感到震驚的決定：禁用 PowerPoint。亞馬遜的高階經理人不能使用投影片和項目符號，要改用備忘錄和敘事的形式來為構想提案。全世界最先進的電子商務公司換掉了現代的簡報工具，取而代之的是五千多年前發明的古老溝通方式：文字。新的制度迫使每個人用簡單的文字、短句子和清楚的說明，來分享他們的想法。貝佐斯所引進的藍圖，為亞馬遜接下來二十年驚人的成長奠定了基礎。

貝佐斯是個夢想家，他將大膽的構想化為全世界最有影響力的公司。一路走來，他建立的策略徹底重新建構了領導者做簡報、分享構想以及凝聚團隊為共同願景努力的方式。始終都在學習領導者溝通學的貝佐斯，學會了如何激勵人們實現只有極少數人認為可能實現的事。而現在，你也可以使用他所使用的工具。

本書不是關於貝佐斯這位億萬富豪，或是亞馬遜這間電商巨擘的故事。那些主題已經有別的書寫過了。本書是

關於更基本的事情，而且適用於每一位讀者。**本書著重於亞馬遜的成長故事中被忽略和不被了解的部分，一個對你的人生和事業成功非常重要的主題：溝通。**

直到現在，還沒有作者只探討讓貝佐斯脫穎而出的寫作和敘事技巧。沒有書籍分析過貝佐斯二十四年來致股東信裡的48,000多個字。也沒有作者訪談過多位前亞馬遜高階經理人，以及在自己成立的公司採用貝佐斯溝通模式的執行長。

一位傳奇的矽谷創投家告訴我，商學院學生都應該學習貝佐斯的寫作與溝通策略。他甚至說自己願意教這門課──如果他「年輕個20歲的話」。

貝佐斯率先採用溝通工具來提升亞馬遜的寫作、合作、創新、提案與簡報。此舉創造一個可擴充的模型，讓西雅圖車庫裡的一個小團隊，成長為全世界最大的雇主。簡而言之，貝佐斯畫了一個藍圖。

我在哈佛大學設計研究所（Harvard University Graduate School of Design）的進階領導力課程中，向高級主管教授溝通技巧。他們是建築領域中的領導者：設計師與開發人員，在世界各地建造雄偉的建築、大樓，甚至是城市。他們的願景是建立更聰明、更健康、更環保，而且整體而言更好的生活環境。溝通技巧訓練是課程重要的一部分，因為如果他們無法讓投資人、股東和社區的人們接受他們的想法，就不太可能建造出這些建築。

但不論願景有多大，沒有藍圖就不可能實現。

藍圖能將設計師的願景轉譯成詳細的模型，讓其他人可以遵循藍圖來實現構想。藍圖是一個規劃，以確保建設過程中的每個人都有共識。此外，藍圖是可以擴充的，這麼一來設計師就不必事必躬親，工程師、承包商和工人也能實現他的願景。

雖然貝佐斯於2021年卸下亞馬遜執行長一職，以追求他對慈善事業和太空探索的夢想，但是他所打造的溝通藍圖，仍然是公司所有部門員工與領導者所使用的模式。目前亞馬遜的高階經理人使用同樣的語言，並闡述貝佐斯擔任執行長二十七年來不斷在演說、訪談和簡報中闡述的相同原則。

貝佐斯在亞馬遜率先運用的溝通策略，已延伸超越公司龐大的足跡。亞馬遜被稱為「美國的執行長工廠」，公司創造了許多創業家，他們都已經成立了自己的新創公司，其中有許多公司會接觸到你的日常生活。這就是《華爾街日報》所說的「亞馬遜校友將貝佐斯的商業福音散布至企業界」。本書將會提到其中好幾位亞馬遜前高階經理人，他們都將亞馬遜文化的某些部分納入自己的領導風格中，並捨棄不適合的部分。

這個藍圖在亞當・賽利普斯基（Adam Selipsky）的心中留下永恆的印象。他在亞馬遜服務十一年後，於2016年離開，並於西雅圖軟體巨擘Tableau擔任執行長。他承認：「我公然竊取自亞馬遜的東西之一就是敘事。」[1]貝佐斯的一些構想，例如以文字敘事取代PowerPoint，或是先把新聞

稿撰寫好再建立產品（你將在接下來的幾章學到這些策略），都在賽利普斯基離開亞馬遜後──以及在他回鍋後──成為他使用的模式。

賽利普斯基於2021年重返亞馬遜，執掌亞馬遜網路服務（Amazon Web Services，AWS），這是亞馬遜的雲端運算部門，為包括Netflix、Airbnb和Zoom在內超過100萬個顧客提供架構。在以亞馬遜網路服務部門主管的身分接受電視訪談時，賽利普斯基簡直和亞馬遜創辦人一樣，但其實賽利普斯基從來沒有直接與貝佐斯一起工作過。

賽利普斯基說：「對亞馬遜網路服務和我們的顧客來說，這仍是第一天。」[2]他用的是貝佐斯在第一封致股東信中灌輸的管理哲學譬喻。他繼續說道：「長期的商業策略是發瘋似地專注於顧客──不是專注於競爭者。我們每天早上醒來都必須非常清楚顧客接下來要我們打造的是什麼，然後據此回推逆向工作。」你稍後將學到，賽利普斯基所溝通的訊息完全是貝佐斯的訊息。

不是只有亞馬遜的校友才是貝佐斯致勝藍圖的宣揚者。本書所揭露的這些策略，都深植於百思買（Best Buy）、全食超市（Whole Foods）、摩根大通、Hulu和幾十個其他家喻戶曉品牌的執行長與高階領導者的心中。有些領導者，例如前百事可樂執行長因德拉·努伊（Indra Nooyi）就把握機會，從亞馬遜內部學習更多。努伊在離開百事可樂後加入亞馬遜董事會，「近距離目睹我遇過全世界最有創造力、最顧客至上的公司之一」。在讀本書時，

你也能近距離認識一個改變我們生活世界、將溝通化為競爭優勢的夢想家。

賣的是夢想，不是產品

　　一開始是網路書店的公司，已經成長為網路零售商，在全球銷售的產品數量令人咋舌，高達3億5,000萬件產品。但是稱貝佐斯是「世界上最偉大的銷售員」，並不是因為亞馬遜賣所有東西給所有人。他之所以是世界上最厲害的銷售員，是因為他賣的是夢想，不是產品。差別就在這裡。

　　在亞馬遜賣出第一本書前，貝佐斯必須銷售比產品更重要的東西；他必須讓人對他的願景買單。1994年和1995年初，貝佐斯與家人、朋友和潛在的金主開了六十場會議。他請每個人對他革命性的構想投資5萬美元。當時很難推動亞馬遜，因為沒什麼人有電子商務的經驗。他們對貝佐斯提出最常見的問題是：「網際網路是什麼？」

　　會議並非全都順利結束。貝佐斯無法說服大部分的提案對象，但他說服了兩個人投資他的新創公司。提案若能獲得三分之一出席投資人的支持，對任何新創公司來說就算很大的成功了。對1990年代中期的電子商務公司來說更是如此。亞馬遜最早的投資人並不是押注在公司上，他們押注的對象是此構想背後的那個人。讓他們願意買單的，是貝佐斯及其願景。

其中一張投資支票是湯姆‧艾柏格（Tom Alberg）開出來的。二十三年後艾柏格從亞馬遜董事會卸任時，他的原始投資價值已經逾3,000萬美元。艾柏格說他很佩服貝佐斯早期在會議上的表現，尤其是他能換個方式解釋數字，令長期投資人無法拒絕（我將在第15章談到用數據說故事）。長期下來，艾柏格也開始欣賞貝佐斯打造團隊的能力，讓團隊每天都按照他的原則生活。

後來在1996年6月時，貝佐斯收到約翰‧杜爾（John Doerr）的創投公司凱鵬華盈（Kleiner Perkins）一筆800萬美元的投資。在公司上市前的一年，那是亞馬遜募得唯一的創投資金，這筆投資後來報酬超過10億美元。杜爾回想他第一次見到貝佐斯的情況時說：「我看到的是一位很棒的創辦人，以及一個很棒的機會。他有技術背景和一個夢想，他可以讓這個願景很快變大，並且改變世人工作的方式。」[3]

當杜爾飛到西雅圖拜訪貝佐斯的公司時，他驚訝地發現他們竟用從家得寶（Home Depot）買的木門當成辦公桌。你將在第14章看到，這些門是一種視覺符號，不斷提醒員工要遵循亞馬遜的其中一個核心原則：節儉。安迪‧賈西（Andy Jassy）接替貝佐斯成為執行長後，杜爾預測亞馬遜不會失去原本的價值觀，因為貝佐斯已經把他的原則深植在整個組織裡了。

這就是藍圖的力量——藍圖是一個模型，可以隨著公司的成長而擴大。

你可以有很棒的構想，但是任何努力若要成功，祕訣在於說服別人對你的構想採取行動。你不需要一個業務員的頭銜才能把自己當成銷售員。銷售無所不在，而且你做這件事的頻率比你想的還要高。丹‧平克（Dan Pink）及其他研究員所做的研究顯示，商務專業人士花40%的時間在做類似銷售的事：說服、影響、激勵、哄騙和勸說。這意味著每小時有24分鐘是在影響別人，而你可以透過向說服術大師學習來強化這個技巧。

和貝佐斯密切合作多年的安‧海亞特（Ann Hiatt）說：「我一生中得到最棒的禮物，就是坐在世界上最聰明的執行長身旁，並且一步步學習他們的思考、行動、激勵和決策方式。」[4]海亞特說，她向前老闆學到的，就是將「學習」視為最重要的事。她說貝佐斯每天早上進辦公室時，腋下都夾著三份報紙。等他讀完報紙後，就會開始看文章和簡報文件。海亞特學到這一點，於是拿走他的報紙並在午餐時間讀報。

當你自以為無所不知的時候，就是你不再成長的時候。貝佐斯是隨著時間成長的領導者——也是能力大幅改進的寫作者和演說者。你也可以有明顯的改變，但你必須將自己視為「無所不學」的人，而不是「無所不知」的人。

你將在本書中學到的寫作、敘事與簡報策略，將釋放你的潛力，為你的成功奠定基礎，不論你是學生、企業家、高階經理人、領導者或任何領域的商務專業人士。一

且你的寫作與溝通技巧有了穩健的基礎，你就會發現這些技巧就像亞馬遜知名的「飛輪」一樣，能創造擋不住的成功循環。

貝佐斯在亞馬遜開先河所使用的溝通策略，影響著我們每個人每一天的生活。就算你不是亞馬遜在全世界3億名經常性顧客之一，你也可能使用由亞馬遜提供或受到亞馬遜啟發的企業的服務。世界上沒有任何一個企業家像貝佐斯那樣，對你的日常生活有這麼大的影響力。也只有極少數企業領袖像貝佐斯那樣認真傳達他的願景——而且是從「第一天」就開始。

徵求：頂尖的溝通技巧

1994年8月23日，貝佐斯刊登第一則徵才廣告。雖然他還沒為自己的電商公司想好一個琅琅上口的名稱，但貝佐斯有很清楚的願景，他知道成功打造「資金充沛的西雅圖新創公司」所需的技巧。貝佐斯在徵求Unix開發人員，應徵者必須會使用程式語言C++。貝佐斯還說，熟悉網路伺服器與HTML會有幫助，不過「非必要」。但貝佐斯認為只有一個技巧是對每個職位來說都非常重要的：頂尖的溝通技巧。[5]

貝佐斯領先同時代的人。在他刊登亞馬遜第一個徵才訊息四分之一個世紀後，LinkedIn在對4,000名專業人資經理進行調查後發現，**「溝通技巧」在任何領域絕對是必要**

的技能。人資經理指出，在120項技能中，溝通的需求很高，但有這能力的人很少。在大部分情況下，即使在高度複雜的領域中，光有技術能力，如機器學習、人工智慧和雲端運算，仍不足以讓人晉升至最高的職位。LinkedIn執行長傑夫・威納（Jeff Weiner）說：「人類被低估了。」[6]在任何一種領域，演說和寫作才是成功的基本條件——這些都是人類的技能。

根據針對人資經理所做的調查，寫作和溝通是最多人需要的技能，幾乎所有產業都需要，就連技術性的領域也是。世界上最大的求職網站之一Indeed.com的一項報告指出，遠距工作的趨勢提高了基本技能的重要性。溝通的能力——包括寫作和口語表達能力——在雇主最想要的11項技能中奪冠。團隊合作與領導能力排名第二和第三，而這兩者都是透過學習有效說話和寫作才能得到的能力。

新冠肺炎疫情導致職場轉為遠距工作，而員工辭去工作改當自己的老闆的浪潮，更是提升了溝通技能的重要性。公關公司麥肯錫（McKinsey）對15個國家的18,000位受訪者進行調查，詢問他們認為能「保障未來」職涯的技能為何。[7]在後新冠時代的職場變化，以及人工智慧、自動化和數位科技進步的大環境下，這份2021年的報告是最全面性的研究報告之一。雖然「數位能力」是雇主非常重視的，但是保障未來職涯的大部分首要技能都跟溝通有關：敘事、公開演說、撰寫和釐清訊息、為不同的觀眾和內容轉譯資訊、打造具有啟發性的願景、發展人際關係以及引

起信任。麥肯錫稱這些為「基本的技能」，你在本書中將學到更多關於這些能力的知識。

為什麼要研究貝佐斯？

貝佐斯不需要任何人來告訴他溝通技巧是基本能力。在亞馬遜歷史的早期，他就將有效的溝通與非凡的創新連結起來。雖然他了解數據的力量能改善顧客體驗，但他知道創新才能帶動亞馬遜的成長。而創新需要聰明的人運用絕佳的人際與溝通技巧。

獲獎作家華特・艾薩克森（Walter Isaacson）說，他常被人問到，他認為現今的領導者中，誰屬於像他筆下歷史人物達文西、愛因斯坦、賈伯斯這一類的人。

艾薩克森的答案是什麼？就是貝佐斯。

艾薩克森說：「他們都非常聰明，但這不是他們特別的原因。聰明的人多不勝數，而且他們通常也就只是聰明而已。重要的是有創意又富有想像力，這才是真正有創新能力的人。」[8]

貝佐斯和上述其他人有共同的特色：充滿好奇心、豐富的想像力，以及像孩子一樣容易感到驚喜。根據艾薩克森的說法，貝佐斯也對寫作、敘事和說故事充滿「個人的熱情」。貝佐斯將他對溝通深切的興趣與對人文的熱愛，結合他對科技的熱情與商業的直覺。「這三種特質——人文、科技、商業——正是使他成為我們時代最成功且最有

影響力的發明家之一。」[9]

我同意艾薩克森的説法，因為我也常常被問到類似的問題：誰是世界上最厲害的商務溝通者？

我在拙作《大家來看賈伯斯：向蘋果的表演大師學簡報》（*The Presentation Secrets of Steve Jobs*）中説蘋果的共同創辦人賈伯斯（Steve Jobs）是世界上最厲害的企業説故事者。在《跟TED學表達，讓世界記住你》（*Talk Like TED*）中，我以TED演講為平台，介紹世界上最厲害的公共演説者。但是當我被問到世界上最厲害的商務溝通者時，有一個名字脫穎而出：傑夫・貝佐斯。

48,062個字

根據我訪談過的前亞馬遜高階經理人的説法，貝佐斯是技藝高超的溝通者。這些領導者——其中有許多人都已經成立了自己的公司且事業有成——經常説**亞馬遜每年的致股東信是商業寫作與溝通的模範**。有些人建議商學院應該開設傳授貝佐斯寫作的課程，因為這些信帶來的啟示適用於任何領域的領導者。

貝佐斯從1997年到2020年親自寫下這二十四封信。信的內容總共48,062個字。我分析並審視每一封信的內容，剖析和檢視每一個句子。每一個段落我都心領神會。沒有幾個商業領袖能像貝佐斯那樣精準運用譬喻。他打造了**飛輪**來啟動亞馬遜的成長；他種下**種子**長成龐大的企業；他打

造兩個披薩團隊；解釋為什麼失敗與發明是分不開的雙胞胎；他要僱用的是傳教士而不是傭兵。這些譬喻都只是冰山一角而已。

貝佐斯不是海明威（Ernest Hemingway），但他的使命不是要寫出下一本偉大的美國小說。但這兩位作家有一個共同點：雖然他們的主題都很複雜，他們的寫作風格卻很簡單，而且大部分讀者都能理解。**簡單很重要**。根據《哈佛商業評論》（*Harvard Business Review*）的一項研究，「簡單能提升科學家所謂的大腦處理的流暢性。短句、熟悉的用詞以及簡單的語法，可以確保讀者不必花太多腦力也能了解你的意思。」[10]

你可以從他的致股東信中學到的事情之一，就是**寫作是一個可以花時間學習和精進的技能**。當亞馬遜每一年都在壯大時，貝佐斯每一年的致股東信也寫得更好。大部分品質與清晰度評等最低的信，都是在亞馬遜上市後的頭幾年寫的，而寫作品質最高的信則是在亞馬遜上市進入第二個十年後所寫的。貝佐斯寫的最後一封信是在2020年，幾乎從所有客觀衡量標準來看，品質都比他在1997年寫的第一封信來得高。可見寫作是一個可以花時間精進的技能。

「第一天」不是一個策略，而是一種心態。在1997年的第一封致股東信中，貝佐斯寫道，今天是網際網路與亞馬遜的「第一天」。接下來的二十年，他把這個詞當成譬喻，打造並維持一個創新的文化，不論公司變得多大。亞馬遜是從一個大願景和小團隊開始的。亞馬遜成長為超過

150萬名員工的龐大企業時，貝佐斯確保公司維持新創公司的心態和精神。永遠在學習，永遠在進步。

「第一天」的心態不是關於你昨天沒學會的技能，而是關於學習新的技能以避免未來的失敗。「第一天」能讓你在人類史上轉變最大的十年裡成功。

本書分為三個部分。第一部分，你要打好基礎，學習像「天使歌唱」般清晰的寫作。你將會學到如何透過了解書面文字來駕馭說服別人的力量。你將會發現為什麼穩健的寫作技能是最重要的能力。你會發現通往顛峰的道路，是用最少的字鋪成的。你會知道為什麼貝佐斯和其他創新的領導者使用簡單的文字來解釋複雜的事情。你會發現刻意選擇的譬喻如何帶動亞馬遜的創新，並幫助亞馬遜撐過網路泡沫破滅時期。你也會學到：

- 為什麼有說服力的寫作和引人入勝的簡報，都始於遠大的構想（big idea）。
- 主動語氣如何使你的訊息變得有活力。
- 為什麼1066年是英語史上重要的一年，以及這對現代商業領袖有什麼意義。
- 為什麼把構想變簡單的領導者不是把讀者當成笨蛋，而是比競爭者更聰明。
- 如何使用譬喻和類比來教育你的觀眾，並解釋你的構想。
- 好的簡報和洗腦歌的賣點有什麼共同點。

在第二部分，我們要來看看能讓讀者和聽眾採取行動的故事結構元素。當你知道為什麼貝佐斯禁用PowerPoint、啟發他這麼做的原因以及他用什麼東西來取代PowerPoint後，你就會對寫故事有不同的看法。別擔心，你還是可以使用PowerPoint，差別在於你不會再仰賴PowerPoint來說故事；相反的，你會用簡報來加強你要說的故事。

你也會聽到曾和貝佐斯密切合作的亞馬遜前高階經理人，介紹亞馬遜至今仍在使用的有效溝通技巧。你會看到其中一項改變——文字敘事——如何帶動亞馬遜的成長，並激發許多影響你生活的產品和服務。此外，你還會學到：

- 一個簡單、經過時間考驗的說故事結構，具有什麼樣的祕訣可以打造出令人難忘的簡報與無法抗拒的提案。
- 如何採用亞馬遜的「逆向工作」策略來為大膽的構想提案。
- 為何你需要一個起源故事，以及學會怎麼說。
- 為什麼貝佐斯和其他有創造力的領導者，閱讀量比跟隨者還要大得多，以及他們的閱讀習慣如何使他們成為傑出的公開演說者。

第三部分是關於分享你的計畫和說出你的訊息。你將會學到貝佐斯如何扮演負責重複說著公司使命的人，以打

造一個受到啟發的傳教士團隊。你會發現貝佐斯和其他說服者所使用的策略，將數據與統計資料變得令人難忘、容易理解，並且可採取行動。我會解釋為什麼偉大的溝通者不是天生的，而是後天創造的。而且你還會知道：

- 該如何從三個面向來發展你的溝通表達能力。
- 如何把凝聚和啟發團隊的簡短、大膽的願景，說得清楚流暢。
- 一個簡單釋放創意構想的方法。
- 為什麼溝通的時候，「三」是最有說服力的數字。

在這部分，你將會找到溝通的工具和範本，亦即「蓋洛方法」，我已將這個方法介紹給全世界最受歡迎的品牌執行長和領導者使用，其中包括亞馬遜網路服務的高階經理人。這個方法將指導你在一張紙上打造出視覺化的圖，你可以在15分鐘內介紹完這個訊息，最短甚至只需要15秒。

贏得人心

我在撰寫本書時，有幸跟甘迺迪特種作戰訓練中心的陸軍特種部隊（綠扁帽）談話。綠扁帽是全球知名的精英作戰部隊：英勇、聰明且經過嚴格的訓練。他們的座右銘是「釋放被壓迫者」，人的重要性高於設備。意思是綠扁

帽部隊雖然武器精良，但是他們是戰士外交官，所以說服術是他們所選擇的武器。他們的任務是要贏得對方的心。

這些獨特的戰士總是在尋找新穎和有創造力的思考方式。我發現，具有企業家心態的軍人，最適合成為特種部隊人員。任務要成功，小團隊需要有創造性思維的人和解決問題的人，他們能迅速贏得不同國家人們的信任，快速適應不同的文化並能說著不同的語言。

你將在本書中學到的策略與精英部隊有相同的理念，因為書寫和口語溝通技巧都是領導必備的能力。團隊領導者必須擅長清楚表達、精簡的簡報、運用「三」的法則、以主動語氣撰文、說出引人入勝的故事，以及找出指揮官必須知道的事。

因為三個理由，溝通與領導技巧在目前的重要性更甚以往。首先，你的經理、顧客、同儕和你要影響的每個人，每天都被大量的資料與資訊轟炸。他們需要很厲害的溝通者來消除雜音、決定重要順序、將複雜的資訊轉譯為可採取行動的建議，以及釐清和濃縮重要的內容。

第二，先前曾提到，新冠疫情加速了遠距工作與線上會議的趨勢。疫情觸發了「大辭職潮」，美國出現前所未見的離職潮。在我撰寫本書時，微軟的研究發現41%的員工在考慮離職或換工作。換工作或開公司都需要絕佳的溝通技巧，才能脫穎而出或是吸引合夥人。當文字溝通和簡報的內容清楚、簡潔且精確，遠距合作才會更有效率。

第三，你雖然可能喜歡遠距工作帶來的彈性，但也使

得許多人喜歡的工作變得競爭更激烈。求職者不再只是和住在離公司近的人競爭，人資經理選擇的是世界各地的人才。能說、能寫、能有效表達的人就會脫穎而出，搶得先機。

好消息是，雖然我們使用的溝通工具已經變了，但人類的大腦並沒有變。當你了解在現場或在遠距的聽眾和讀者如何消化資訊時，你吸引他們注意的能力就會大增——你的事業也會起飛。

如果「第一天」是永遠在尋找學習和成長機會的新手心態，那麼「第二天」會是什麼樣子呢？貝佐斯說，第二天是「停滯，繼而變得無關緊要，接著是緩慢而痛苦的衰退，然後是死亡。」[11]

在改善自己的技能時，沒有人能感到自滿。我們都想避免貝佐斯所想像的那種緩慢、痛苦的衰退。貝佐斯強調：「這就是為什麼永遠都是第一天。」學會本書中的策略，你就不會衰退。你會向上提升。

亞馬遜的領導原則之一是胸懷大志（Think Big）。貝佐斯說，目光狹隘是一個會自我實現的預言。「第一天」領導者會有遠大的夢想，並精通溝通能力以啟發別人。拿起這本書，你就是在加入那些領導者的行列。採用本書中的策略，你就能解鎖你的構想、釋放你的潛能。

每讀一章，你的信心就會增加。每一章都會讓你得到通往更大格局、更大膽、更強大的未來所需的必要技能。今天就是打造那個未來的「第一天」。但正如貝佐斯提醒

我們的：

　　永遠都是第一天。

奠定基礎

1

簡單是一種新的超能力

只要你能把事情變得簡單、易懂，就能得到更多。

——貝佐斯2007年致亞馬遜股東信

　　貝佐斯在普林斯頓大學主修理論物理學。要求嚴格的主修課程對他來說遊刃有餘，畢竟他在高中時因為成績優異而擔任畢業生代表致詞。他很輕鬆地度過大學的頭兩年，大部分的課程都拿到A⁺。

　　全系100位入學的學生中，只有30人留下來，貝佐斯很自豪自己是其中一人。人數還會再減少，只不過這一次貝佐斯要離開了。在他大二那一年出現的一個路障，將永遠改變他的人生和網路的未來。

　　貝佐斯和名叫喬的室友選修一門量子力學課程。他們在試著解開一個偏微分方程（partial differential equation，PDE）時遭遇挫敗。偏微分方程的定義是「微分方程牽涉到多變數之未知函數的偏微分」。貝佐斯的數學很好，但

這個題目讓他相當頭痛。

在嘗試了三小時仍無解後，貝佐斯和喬有個更好的主意。

「我們去問尤山沙吧，他是普林斯頓最聰明的人。」[1]貝佐斯提議。

他們走去尤山沙的寢室，請他試試看解題。尤山沙很快想了一想，然後平靜地說：「餘弦（Cosine）」。

「什麼意思？」貝佐斯問他。

「這就是答案。我寫給你看。」

尤山沙寫了三頁詳細的代數運算式，證明他如何得出這個答案。

「你剛剛是心算出來的嗎？」貝佐斯不敢相信地問他。

「不是，那是不可能的，」尤山沙說。「三年前我解過一個非常類似的題目，我把那個問題的解答方式用來解這個問題，然後馬上就很明顯答案是餘弦。」

這就是貝佐斯的人生轉捩點。貝佐斯回憶道：「就在那一刻，我知道自己永遠不可能成為偉大的理論物理學家。我已經看到預兆了，所以我很快就轉系到電機工程與電腦科學系。」

多年後，尤山沙很高興地發現，世界首富曾說他是普林斯頓最聰明的人。尤山沙發了一則推文說：「如果不是我，現在就不會有亞馬遜，否則的話貝佐斯就會繼續學物理，這個世界就會不一樣了。」貝佐斯並非普林斯頓學生

宿舍中唯一改變世界的人。如果你有iPhone或三星手機，那麼你使用的晶片或技術就是尤山沙協助開發的。

貝佐斯轉系的決定很正確。1986年，他以最佳成績自電機工程與電腦科學系畢業。將近四分之一個世紀後，貝佐斯受邀回到母校的畢業典禮致辭。2010年的普林斯頓畢業生都是全國的菁英。在那之前四年，普林斯頓收到的入學申請創下紀錄，但只有十分之一的申請者被錄取。

2010年5月30日，絕頂聰明的億萬富豪貝佐斯以七年級的英文程度，向這所常春藤盟校的畢業生致辭。貝佐斯以簡單的用語表達深奧的訊息，使得他的致辭立即成為熱門影片。全國公共廣播（National Public Radio）稱之為「史上最棒的畢業典禮致辭之一」。

你將在本章中學到貝佐斯和其他成功的領袖如何把複雜的資訊簡化、為什麼他們認為簡化的能力是一種競爭優勢，以及你可以採取哪些步驟將「簡單」變成你的超能力。

不是把對方當成笨蛋，而是比競爭者更聰明

貝佐斯對2010年普林斯頓的畢業生說：「我今天要告訴各位的是，天賦與選擇的差別。聰明才智是一種天賦；善良則是一種選擇。天賦很簡單——畢竟是老天賦予的；選擇可能會很難。人生到了最後，都是自己選擇的結果。」[2]

在普林斯頓的畢業典禮致辭六年後，貝佐斯又重新思考關於以選擇為榮，而非以天賦為榮這個主題。「年輕人一定要了解這一點，而且父母也必須這樣教導孩子。天賦異秉的孩子很容易以自己的天賦為榮：『我很有運動細胞』、『我真的很聰明』或『我的數學真的很好』。這些都沒關係。你有天賦，確實值得讚揚一下。你應該感到高興，但是你不能以此自豪。你應該感到自豪的是你的選擇。」[3]

你努力工作嗎？這是個選擇。

你認真讀書嗎？這是個選擇。

你反覆練習嗎？這是個選擇。

「成功的人是結合了天賦與努力，而努力這部分是個選擇。」貝佐斯這麼說。

貝佐斯在畢業典禮的致辭總共有1,353個字，88個句子，「可讀性」為七年級程度。可讀性是用來衡量寫作品質的標準。這個分數會讓你知道，一般讀者了解一篇文章是否有困難。以這個例子來說，這個分數表示貝佐斯的畢業典禮致辭，很可能受過七年級教育（12歲）的人都能懂。

可讀性評量原本是由魯道夫・費雷許（Rudolf Flesch）

於1940年代所建立的,他是致力於推廣文章應寫得簡單、不複雜的學者。費雷許找出使一段文字難讀或易讀的元素。他的評量是根據句子和文字的平均長度以及其他變數為基準。「閱讀難易度」的評量分數從1分到100分。分數越高,讀者就越容易了解你寫的文章。舉例來說,30分代表「非常難」讀,70分代表「簡單」,而90分及以上是「非常簡單」。1940年代末期開始採用這個評量制度的報章雜誌,發現他們的讀者增加了60%。

科學家暨教育家彼得·金凱(J. Peter Kincaid)在1970年代和費雷許合作,把這個評量改得更容易解讀。他們合作將可讀性評分改成年級制。費雷許-金凱評量(Flesch-Kincaid test)檢驗一個句子有幾個字、每個字有幾個音節、有幾句採用主動和被動語氣,這是個很重要的寫作概念,我們將在第3章時談到。

如果你的讀者是廣泛的成年人,那麼你的寫作應該以哪個年級為目標?答案可能會令你很意外:八年級。

全美國八成的人可以理解八年級的寫作標準。而絕大多數讀者無法理解的學術報告,寫作標準則是十六到十八級。六到八年級的學生可以理解《哈利波特》(*Harry Potter*)系列小說。亞馬遜員工則是被指示,寫作標準必須是費雷許-金凱評量中八年級以下能懂的程度。

而貝佐斯對普林斯頓畢業生的演講是幾年級的程度呢?七年級。全球首富用12歲孩子能懂的話,來啟發全國最聰明的大學畢業生。

重點來了。可讀性分數為七年級不表示貝佐斯說話要像個七年級生，因為這個分數並沒有反映出一個人說話內容的複雜度和教養。這只是在告訴我們，聽眾或讀者需要花費多少心智能力才能吸收和理解資訊。**演說或報告越容易理解，你的聽眾就越容易記住你要傳達的訊息並據此採取行動**。將複雜的想法用簡單的方式來表達，並不是把對方當成笨蛋，而是比你的競爭者更聰明。

貝佐斯從1997年到2020年，每年都寫信給亞馬遜的股東，總計二十四封信。這些信的可讀性分數如下：

- 40,862個字。
- 2,481個句子。
- 平均每個句子18.8個字。
- 費雷許-金凱評量十一級。
- 6%的句子為被動語氣，94%的句子為主動語氣（主動句是由主詞來執行動作，能比較快傳達重點，也比較短，而且在大部分的情況下，比被動句更容易理解）。

像貝佐斯這麼聰明的人，能以一般中學生可以閱讀並理解的方式寫下40,862個字，可以說是相當了不起，尤其是考量到他提到艱澀難懂的金融主題，如自由現金流、一般公認會計原則和預估所得。他也寫到具有高度技術性的主題，如資料探勘、人工智慧與機器學習，而且在他撰寫時

這些用語都還沒有成為商業用語。

寫作就如同任何技能，是可以強化的。貝佐斯長期下來一直在精進自己的寫作能力。表1.1比較了貝佐斯於1997年寫給股東的第一封信，和他擔任執行長所寫的最後一封信。當亞馬遜成長得越大，致股東信就寫得越長。但是當貝佐斯越常寫，他就寫得越好。他的句子長度平均減少4個字，理解他的信所需的教育程度也降低了兩個年級。

表1.1　貝佐斯1997年和2020年致股東信的可讀性比較

可讀性因素	1997	2020
字數	1,600	4,033
句子長度	20	16
費雷許-金凱評量級別	10	8

在2020年的信中，有一段話很受到歡迎，簡單、易讀，就連六年級生也能懂：

如果你想要做生意（其實就是做人）成功，那麼你所創造的必須比你所消耗的還要多。你的目標應該是為每一個與你互動的人創造價值。任何一門生意如果沒有為接觸到的人創造價值，即使表面上看來很成功，也不會持續太久，最後會被淘汰。[4]

訓練方法

　　貝佐斯在擔任亞馬遜執行長的期間，他打造出亞馬遜人每天都在使用的十六個領導原則，以討論新的專案、提案構想，或是判斷解決某個問題的最佳方法。最重要的是，這些原則強化了公司的價值觀：每一個決定都以顧客為中心。

　　這些原則的寫作方式，就是整個組織所有層級的所有人都能完全理解並採用的主要原因之一。整份文件就只有700個字，而且是八年級程度的用語。每一個原則都既簡單又清楚，並包含一些將原則轉化為理想行為的簡短句子。

　　舉例來說，第一個也是最重要的指導方針就是：

　　顧客至上：亞馬遜認為，顧客至上代表「領導者要從顧客開始，然後逆向工作。領導者要致力贏得並保住顧客的信任。雖然他們要注意競爭者，但是更要如著魔般地在乎顧客。」

　　與本書內容相關的其他關鍵原則還包括：主人

翁精神（Ownership）、創新與簡化（Invent and Simplify）、求知若渴（Learn and Be Curious）、胸懷大志（Think Big）、贏得信任（Earn Trust）和堅持高標（Insist on the Highest Standards）。你可以看到這些原則清楚展示在亞馬遜的網站上，因為公司希望每一位求職者都知道、每一位新進員工都學習、每一位領導者都將這些原則內化並分享出去。[5]

作家布萊德·史東（Brad Stone）在著作《貝佐斯傳》（*The Everything Store*）中詳列亞馬遜的崛起歷程。他提到，清楚流暢地表達這些原則，是經過精心計算的領導策略。相較於許多組織的員工不清楚自己的工作內容，因為公司的目標令人混亂或太複雜，亞馬遜的原則卻很簡單、清楚且一致。

公司文化的原則或價值觀是要被執行的。但是沒有人能記住或能理解的原則，就不可能被執行。所以**請把你的原則修改得讓人易讀、易記、易懂。**

縮短句子的長度並將較長的字詞改短，可以減輕理解你的想法所需耗費的腦力。為什麼這很重要？因為我們的大腦生來不是要思考的，而是用來節省能量的。

莉莎·費爾德曼·巴瑞特（Lisa Feldman Barrett）在她的得獎著作《關於大腦的七又二分之一堂課》（*Seven and a*

Half Lessons About the Brain）中寫道：「耗能效率是生存的關鍵。你的大腦最重要的工作就是控制身體所需的能量。簡而言之，對你的大腦來說最重要的工作不是思考。」[6]

用簡單的文字和句子表達高深的論點和複雜的想法，是天才的標誌。這是誰說的？一位名叫丹尼爾‧康納曼（Daniel Kahneman）的天才，他是獲得諾貝爾獎的心理學與經濟學家。

康納曼在他突破性的著作《快思慢想》（*Thinking, Fast and Slow*）中這麼寫道：「如果你希望別人認為你說的話很可信而且很聰明，那麼可以用簡單的話表達的事就不要用複雜的話來說。」康納曼說，有說服力的講者會盡全力減少聽者的「認知緊張」（cognitive strain）。人們在閱讀或聆聽時，任何需要動腦的事情都會增加他們大腦的負擔。每個不熟悉的字、每個不知道的縮寫、每個複雜的句子、每個新的概念——全都會增加負擔。如果你一直增加負擔，讀者或聽眾就會忘掉一切然後放棄。康納曼說「認知放鬆」（cognitive ease）能給人更愉快的體驗，當人們感覺愉快時，就比較容易支持你的想法。[7]

簡易性——創造認知放鬆——是本書從頭到尾的主旨。你將會學到為什麼人腦生來就比較容易記住故事，而不是隨機的事實。我會深入貝佐斯使用的兩個修辭技巧思考捷徑，來解釋複雜的理論：譬喻和類比。你將學會為何很快就成功的領導者，都使用最少字數達到事業高峰。

簡易性的重點就是了解與選擇：了解你的受眾，並選

擇受眾需要知道的資訊。

了解你說話的對象

　　傑伊‧艾略特（Jay Elliot）對於跟賈伯斯（Steve Jobs）的會面記憶猶新。艾略特39歲時是IBM的高階經理人，他坐在矽谷高級郊區洛斯蓋托斯市一間墨西哥餐廳裡。艾略特邊讀一篇報紙文章邊等朋友。一位蓄鬍、身穿T恤和破牛仔褲的年輕人走了進來。他坐在艾略特旁邊，並且注意到艾略特正在讀的那篇文章是有關IBM的事。

　　他問艾略特：「你了解電腦嗎？」[8]

　　「了解，我是IBM的高階經理人。」

　　那個年輕人回應他：「有一天我要給IBM難看。」

　　艾略特不禁納悶，這傢伙是誰啊？

　　「你好，我是史帝夫‧賈伯斯」

　　他們聊了起來，賈伯斯對於簡單、易用的個人電腦願景，深深吸引著艾略特。

　　賈伯斯問他：「我該怎麼做才能讓你來為我工作？」

　　艾略特回答：「我對自己的工作很滿意。我不認識你，也沒聽說過蘋果。」

　　「你想要什麼？」

　　艾略特開玩笑說：「我喜歡保時捷。買一輛保時捷送我，我就去為你工作。」

　　兩週後，一輛保時捷停在艾略特家的車道上。

看來我得為賈伯斯工作了，艾略特思忖著。

在蘋果設計第一部麥金塔電腦時，艾略特成了賈伯斯的指導者。賈伯斯經常開玩笑說：「絕對不要信任年過30的人，除了艾略特以外。」

艾略特回憶道，賈伯斯想要打造一部開箱就能輕易使用的個人電腦，所以出貨時不必附上使用手冊。「這是首要目標」。但是滑鼠——控制電腦的裝置——當時對人們來說還是個很奇特的東西，麥金塔團隊發現他們還是得隨產品附上說明書。

艾略特和賈伯斯及行銷人員開會時，有人在會議中建議，使用手冊的說明應該要簡單得讓高中生一看就懂，光是看文字就能學會怎麼用電腦。

賈伯斯不情願地說：「好吧，艾略特，你去一間高中找個十二年級的學生來寫手冊。」

賈伯斯不是開玩笑的。艾略特造訪庫柏提諾市附近的幾所高中，舉辦比賽以尋找寫作能力佳的學生。他們找到一位學生作家，把他帶到一個祕密地點，讓這位十二年級的學生坐在麥金塔前面，使用並學著熟悉麥金塔。麥金塔是第一部簡單到一般人都會用的個人電腦，還附一本輕薄的使用手冊，任何受過高中教育的人都能看得懂。裡面的句子很簡單，例如：

・你將學習以新的方式使用電腦。
・本章將教你使用麥金塔所需要知道的事——如何建

立文件（在麥金塔上建立的任何東西都叫做文件）、修改文件、儲存文件。

・搜尋功能就像麥金塔房子裡的中央走道。

艾略特說：「賈伯斯的天才有一部分在於，他會找對的人來幫他把所有事情變得簡單 —— 從設計到內容都是。」

偉大的溝通者不會從自己知道的事情開始說，他們會從受眾知道的事情開始說。

———

就在我和亞馬遜網路服務的高階經理人合作不久後，我認識了另一間雲端公司的高階經理人，這間公司也是亞馬遜網路服務的合作夥伴。這間成長快速的矽谷新興公司銷售產品給資訊科技與安全專家，幫助他們以前所未有的高速分析龐大的資料。它縮短了調查潛在災難性安全漏洞所需的時間。這就是簡單的解釋。

矽谷創投公司葛雷拉克（Greylock Partners）的早期投資包括了臉書（Facebook）、雲端分享空間Dropbox、音樂串流平台Pandora、Instagram和Airbnb，現在是這間雲端公司的主要投資人。

葛雷拉克必須讓這間公司成為上市公司。以23%的股

份使這間公司一舉成為價值10億美元的企業。

我問葛雷拉克的一位合夥人：「這間公司的情況很好。你們為什麼找我來？」

「電腦安全專家了解我們的價值，但現在我們的任務是向更多投資人、分析師還有股東溝通這個價值。」公司高階經理人不介意和其他專家用行話和術語溝通，但是其他人會無法理解產品的意義。最初的幾次簡報內容充斥著文字冗長的投影片、沒有人熟悉的縮寫、太多細節被埋沒在太多沒用的資訊裡。沒有故事，也沒有具體的例子使故事變得鮮明。簡單來說就是，之前的簡報「無法引起別人的興趣」。

投資人需要透過簡單的文字來理解這個產品能解決的問題，為什麼這間公司是「雲端原生」（cloud-native）很重要，以及這間公司和雲端世界中的數十個安全平台有何不同。

這公司已經有很棒的故事了。我們只需要去掉多餘的東西，直接呈現重點才不會讓受眾的認知超載，這樣就行了。因為該公司有很容易使用的雲端應用程式（對專家來說很簡單），所以我們將重點放在使用這個平台的大型組織的資訊人員，能在15分鐘內解決問題。

上市說明會非常成功。投資人搶著買進股票。這間新創公司於2020年上市，成為那一年績效最佳的新上市股。現在公司的市值超過20億美元。

巴菲特清楚寫作的小技巧

貝佐斯的致股東信並非商業界唯一必讀。億萬富豪投資人華倫・巴菲特（Warren Buffett）寫致波克夏海瑟威（Berkshire Hathaway）股東信已有六十年之久，是貝佐斯寫致股東信時間的三倍。

巴菲特到了90歲時還在寫致股東信。他的經歷讓他具有只有少數人才有的觀點。根據巴菲特的說法，**清楚而簡單的寫作祕訣在於想像你的讀者**。巴菲特說：「我總是想像著我正在和我的姊妹朵絲莉和柏蒂說話。波克夏是她們全部的投資。她們很聰明，但是對公司的生意並不積極，所以她們並沒有每天看相關的資訊。我會假裝她們出遠門一年，然後由我向她們報告投資的情形。」[9]

巴菲特的信開頭會先寫「親愛的朵莉絲和柏蒂」。在準備好公布前，他會把她們的名字改成正式的招呼：「致波克夏海瑟威股東」。

巴菲特的信平易近人、易讀且很有娛樂性。巴菲特藉由想像他的讀者而能把自己放在他們的立場，用他們能輕易理解的話來訴說。當巴菲特撰寫2018年的信時，他想像姊妹正在考慮賣股票。他的工作就是要說服她們別賣。

閱讀巴菲特的2018年致股東信，你就會看到他把複雜的金融資訊，變成對朵莉絲和柏蒂來說平易近人的文字。這封信使得「不要見樹不見林」（focus on the forest）變成現在知名的譬喻。

巴菲特說，因為波克夏龐大的投資組合中每間公司的財務細節實在太複雜了，所以分析這些資料實在太無聊。幸好，投資人不需要評估每一間公司才能評估要不要留住波克夏。巴菲特說，投資人需要知道的是，每一間公司都是一棵「樹」，從小樹枝到大紅杉都有。巴菲特承認：「我們有少數幾棵樹生病了，很可能十年後就不在了。但是有很多其他的樹一定會成長茁壯，變成美麗的大樹。」[10]

巴菲特在這封信剩下的部分，帶領投資人穿過波克夏投資組合中的五種「樹叢」：非保險業務（波克夏森林中最有價值的樹叢）、有價股權、數間公司的控股權益、現金以及保險。

巴菲特選擇以樹的譬喻為心智模型，來簡化複雜的財務資訊。他說讓投資人去想樹叢比較簡單，而不是去了解有將近40萬名員工、90間企業之間的關係。在第5章，你將學到如何把譬喻當成心智捷徑來運用。巴菲特可說是商業溝通界最會使用譬喻的人，而貝佐斯也不遑多讓。

訓練方法

如果你在研究一個複雜的主題，請參考巴菲特寫致股東信的方式。下筆前先認識你的受眾，你可以先問自己三個問題。

> ‧ **誰是**目標受眾？巴菲特想像他在寫信給姊妹朵莉
>   絲和柏蒂。
> ‧ **什麼**是他們需要知道的事？別把你所知的一切告
>   訴他們。他們需要知道什麼還不知道的事？
> ‧ **為何**他們應該在乎？沒有人在乎你的想法。他們
>   在乎的是你的想法如何幫助他們過得更好。

　　誰是你的朵莉絲和柏蒂？等你真的了解受眾——他們
是誰、需要知道什麼，以及為他們為何應該在乎——你就
準備好進行下一步簡化訊息的步驟了。如果第一步是了解
你的受眾，那麼第二步就是為他們選擇對的訊息。

用620個字說完二十七年的創新

　　簡易性是一門選擇的藝術，而不是壓縮。有些人說話
過於瑣碎，他們說了太多枝微末節。身為講者，如果你能
努力排除簡報中的小細節，就不會有這個問題。

　　2021年2月2日，貝佐斯用電子郵件向員工宣布，他將
卸下亞馬遜執行長一職，把這個工作交給亞馬遜網路服務
事業部門的經理人安迪‧賈西。貝佐斯解釋道，他仍將擔
任亞馬遜的董事長，而且會積極參與公司的新產品與初期
的計畫。

貝佐斯的電子郵件結構、用字和句子都很簡單,所以簡易性評量為7.8級。但簡易性真正的祕訣在於貝佐斯選擇強調的資訊。如果貝佐斯決定談亞馬遜從1994年到2021年的所有成就,那這就會是世界上最長的一封電子郵件。對一位以創造順暢體驗的領導者來說,這可不行。謹慎地選擇要留下哪些資訊、排除哪些資訊後,貝佐斯用620個字的電子郵件說完了二十七年的創新歷程。

貝佐斯寫道:「創新是我們成功的根源。我們一起做過很瘋狂的事,然後把這些事變得很正常。我們率先採用顧客評價、一鍵購買、個人化推薦、Prime的超快到貨、無人商店技術Just Walk Out、氣候承諾Climate Pledge、電子書Kindle、智慧語音助理Alexa、電商平台、雲端運算基礎建設、職涯選擇Career Choice,還有很多很多。」[11]

還有很多很多。這幾個字還不足以形容貝佐斯選擇不要寫出來的計畫和創新。

貝佐斯說:「如果我們在網路的領域比同業做得更好,那就是因為我們專注於顧客體驗,心無旁騖。」[12]從「第一天」起,貝佐斯就了解人類行為的一個基本規則——**當共同的目標、願景與優先事項,能簡單、扼要、一致地表達出來,人們就會去追隨。**

別迷失在資料的茫茫大海中

史帝芬・莫瑞(Stephen Moret)很高興他研究了亞馬

遜的指導原則和願景。2017年4月時，亞馬遜宣布正在尋找西雅圖以外的地方建立第二總部。亞馬遜廣邀全國各地來提案，並且收到了238份提案。

莫瑞是維吉尼亞州首席經濟開發官員，他看到該州經濟開發的大好機會。但他知道自己的機會不大。一間顧問公司收集了二十種類型的資料，分析維吉尼亞州的競爭性。結果並不理想。維吉尼亞不像其他州提供慷慨的補助，也無法用低成本來競爭。

莫瑞告訴我：「我們知道亞馬遜會收到數百份提案。我們突破的機會很有限，所以我們需要清楚知道哪些東西能讓我們脫穎而出。」[13]

於是團隊開始逆向研究北維吉尼亞州的提案（NOVA），他們以公司的需要為起點（你將在第10章中學到，「逆向工作」就是亞馬遜的寫作和決策技巧）。他們發現亞馬遜重視堅實且可靠的人才庫。莫瑞的團隊說服州政府和私人團體承諾11億美元，以擴充電腦科學教育和打造維吉尼亞理工大學創新校園。莫瑞指出，就算維吉尼亞州沒有得標，但是一個以科技人才聞名的地方一定能吸引全國各地的公司進駐，因而克服了一開始所有的疑慮。

雖然最終的NOVA提案長達九百頁（包括詳細的附錄資料），但莫瑞挑戰團隊「用一頁寫完真正的故事」。

莫瑞的團隊把NOVA的故事簡化成六個精挑細選的關鍵訊息：

- 北美首屈一指的科技人才庫。
- 一個海納百川的地區。
- 美國唯一引領公部門與私人部門創新的都會區。
- 穩定且具有競爭性的合作夥伴，具有極佳的治理傳統。
- 多個極佳的地點，可配合第二總部的範圍、速度和規模。
- 適合21世紀的經濟發展新模式。

莫瑞說：「專注於這六點，使我們的提案變得非常吸引人。如果必須將你的提議濃縮成幾個要點，那會是什麼？一定要把這些要點說清楚、無懈可擊，而且有論據支持。別迷失在資料的茫茫大海中。」

莫瑞召集的團隊達成了大部分觀察家認為不可能實現的事。2018年11月13日，亞馬遜宣布北維吉尼亞州將是亞馬遜第二總部的所在地。莫瑞的團隊贏得了美國史上最大額的民營經濟專案。亞馬遜的第二總部將為維吉尼亞州創造25,000個新工作，每年帶來上看5億美元的收入。

如果你和莫瑞談過，很快就會了解為什麼他能成功集合數百個利益不同，有時候甚至是利益互相競爭的人，為了共同的好處合作。他不認為是自己的功勞，總是將焦點放在參與提案的另外五百人身上。但是千萬別搞錯了，莫瑞就像是這個團隊的隊長。**聰明的領導者會讓事情維持簡單，因為簡單的事情能讓人做出聰明的決策。**

———

百事可樂前執行長、現為亞馬遜董事的因德拉‧努伊說：「如果你有一個別人沒有的能力，一個深藏不露的技能，你就會變得更有價值。」[14]努伊也指出她「深藏不露的技能」就是把複雜的事變得簡單。

「只要當事情變得過於複雜，最後總會回到我的手上。大家會說：『因德拉，你先把這個改得簡單一點。告訴我們該怎麼解決這個極為複雜的問題。』這就是我當時的技能，到現在仍是。」

努伊說：「如果你想成為領導者卻無法有效地溝通，那就別想了。在數位世界裡，人們以為傳簡訊和發推特就是溝通。並非如此。你必須有能力站在員工的面前，讓他們前往從來沒想過能到達的地方。你需要具備非常好的溝通能力，投資再多心血培養溝通能力也絕對不嫌多。」

你永遠會遇到一些人不願意簡化他們要傳達的訊息。他們沉迷於自己的聰明才智、愛死了自己的資歷背景、對自己的豐富經驗著了魔。他們絕對不會選擇用簡易字來取代進階字。為什麼要這麼做？他們是愛用超長單字的人（sesquipedalians）。是的，真的有這樣一個字。這種人是喜歡用多音節、很難念、很難懂字彙的人。別讓他們嚇到你。一位投資公司的億萬富豪創辦人曾告訴我，應徵他公司的商科畢業生中，他所看到最大的弱點就是無法把工作和想法用簡單的話表達出來。「他們的簡報非常詳盡而且

具有高度技術性，但是完全令人無法理解、完全無法記住。」

花點心力簡化你要傳達的訊息，簡單的訊息就會變成你的超能力。

2
古代字彙的現代應用

最好使用簡短的字，
如果是既古老又簡短的字那就更好了。

——英國前首相邱吉爾（Winston Churchill）

2007年11月，一項革新撼動了出版界。亞馬遜推出的自有品牌電子閱讀器Kindle，銷售有如火箭般扶搖直上。

第一批裝置在五小時內就售罄，而顧客熱切地看著多達9,000本電子書的選擇。現在Kindle的顧客可以選擇超過600萬本電子書。亞馬遜在美國的電子書銷售市占率為八成。

美國約有25%的成年人讀電子書。就算你不是這群人，你比較喜歡紙本書，或是你喜歡成長快速的有聲書，你應該也知道要如何取得和閱讀電子書。但是在2007年時，大部分的人都沒有看過這種裝置。貝佐斯在致股東信中強調這種裝置的特色。

如果你看到一個不認識的字，可以輕鬆查閱字典。你可以搜尋自己的電子書櫃。你在書上寫的筆記和重點畫線，都會儲存在雲端伺服器裡，絕對不會遺失。Kindle會自動記錄你正在讀的每一本書的位置。如果眼睛累了，還可以變更字型大小。最重要的是，你可以在六十秒內流暢又輕鬆地得到你想買的書。當我看到人們第一次使用這個裝置時，這些功能很明顯對他們造成深遠的影響。我們對Kindle的願景是，不論任何語言的書籍，讀者都可以在六十秒內取得。[1]

上面這段文字92%的單字只有一、兩個音節。事實上，貝佐斯選擇用來描述Kindle的文字，大部分——76%——都只有一個音節。

偉大的演說者會使用簡短的單字來解釋新的構想。

使用簡易字的歷史可以回溯到一件對英國人非常重要的事件。大約在Kindle改變人們閱讀方式前九百四十年，黑斯廷戰役（Battle of Hastings）改變了人們說話的方式。

1066年，名符其實的征服者威廉（William）從法國帶著7,000名諾曼入侵者渡過英吉利海峽。他向統治階級引進新的用語：以拉丁文為基礎的早期法語（諾曼法語）。諾曼征服（The Norman Conquest）對英語造成了重大的影響，並且一直延續至今日。

雖然新的諾曼統治階級說的是「高級」的語言，但當地97%的人，也就是「一般人」說的仍是古英語，也就是英

語最早的記錄形式，可追溯至第5世紀。1066年後，諾曼法語成為英格蘭貴族的語言，而簡短、古老的單字仍是一般平民的語言。

現在我們所説的英文單字，有八成屬於兩種類型：日爾曼（古英語與中古英語的混合）和拉丁語系。剩下兩成則是希臘文和其他跨洲的語言（例如「菸草」tabacco和「馬鈴薯」potato就是來自美洲；而諸如「小屋」bungalow和「大師」guru則是來自遠東地區）。科技也創造出少部分的文字，例如「上網搜尋」googling，就是將谷歌網站google改為動名詞。

該怎麼分辨古英語單字和源自拉丁文的單字？當你一旦掌握規則就很容易了。古英語單字比較簡短，只有一個音節；拉丁文則比較長，有多個音節。當有人説簡明英語（plain English），可能表示他使用的都是古英語單字。當有人説話冗長、令人疑惑又複雜，就可能表示他使用過多源自拉丁文的單字。

如果你「需要」（need）某個東西，這就是簡明英語。如果你對某個東西有「需求」（require），那就是複雜的用語。

如果你向「老闆」（boss）報告，這就是簡明英語。如果你向「上級」（superior）報告，那就是複雜的用語。

如果你説鄰居的房子在你家「隔壁」（next to），這就是簡明英語。如果你説鄰居的房子與你家「毗鄰」（adjacent to），那就是複雜的用語。

源自日爾曼語系的古英語非正式且較口語。拉丁語系的用字通常較正式且古板。下表列出更多例子，比較正式用語和非正式用語。

表2.1　正式和非正式用語的比較

正式	英文字元數	非正式	英文字元數
He engaged in a deliberate prevarication. 他刻意搪塞。	36	He told a lie. 他說謊。	11
I perceive something in the distance. 我察覺到遠處有什麼東西。	32	I see something. 我看到某物。	14
Let's engage in a conversation. 我們展開會談吧。	27	It's time to talk. 我們該談談了。	15
You are required to purchase any item you damage. 如有損壞，照價賠償。	41	If you break it, you buy it. 打破就要賠。	22

　　你將在本章學到一個簡單的語言表達方式，可以用來啟發、說服和激勵別人：結合簡易和進階用詞。當派屈克・亨利（Patrick Henry）寫道：「不自由，毋寧死」（Give me liberty or give me death）時，他將源自拉丁文libertas的「自由」（liberty），以及源自古英語的簡短字「死」（death）結合起來。亨利的文字使美洲殖民者團結

起來，引爆一場革命。

　　拉丁語系和日爾曼語系用字的結合，難易度介於法律教科書和童書之間。當美國知名童書《與迪克和小珍一起玩》（*Fun with Dick and Jane*）裡的小珍說：「快跑，快跑」，而迪克說：「快看，快看」，只有6歲的孩子會覺得讀起來很有趣。相反地，只有拉丁用語的文字和簡報，很難懂、令人困惑、容易混淆又複雜。簡單來說，高級用語會讓人昏昏欲睡。

　　你該如何決定何時要用簡短的字，而不用較長的字？答案很簡單。當你在談比較硬的主題時，使用簡短的字，如危機、複雜的觀念，以及想要聽眾記住的遠大構想。

訓練方法

　　檢視一下你的文字。從你的簡報文稿中選擇一篇。有多少字或詞語是拉丁語系的高級用語？你可以用網路上查詢字源的字典，找出一些字的來源。尋找更簡單、更短的字，來取代正式的字。你會發現，改用簡短的字，你的台詞中大部分令觀眾困惑的術語都會消失。因此你的句子就會變得更簡潔、清楚而且有力。**用簡短的字取代較長的字，你就會很有說服力。**

發生危機時，請使用簡短的字

英國前首相邱吉爾曾說：「語言中較短的字通常比較古老。這些字的意思比較符合一國的民族性，而且更有力量。」

艾瑞克·拉森（Erik Larson）是歷史故事暢銷書作家，他的作品例如《死亡航跡》（*Dead Wake*）描寫第一次世界大戰時，露西塔尼亞號沉船事件，以及《人性與邪惡》（*The Splendid and the Vile*）描寫邱吉爾於第二次世界大戰期間擔任英國首相最初幾個月的故事。拉森告訴我，邱吉爾非常仔細選擇他和大眾溝通時的用詞遣字。在一本名為《簡短》（*Brevity*）的備忘錄中，邱吉爾敦促政府行政官員不要用冗長「囉嗦的詞」，改用比較口語化的單字。邱吉爾說：「精簡地傳達真正的重點是一種紀律，有助於清晰思考。」[2]

當新冠疫情爆發使全世界陷入停頓時，清晰的思考與清楚的資訊，正是我們所需要的。2020年3月，各國衛生機關都發出全國性的隔離檢疫令，並且透過宣傳鼓勵民眾採取預防措施，以防止疫情擴散。在所有英語系國家，從美國到英國，從加拿大到澳洲，所有的公民都被通知：留在家裡、停止散播病毒、拯救生命。

英國政府印傳單和使用廣播廣告，以保護國家保健局不致於被疫情壓垮：「留在家裡、停止散播病毒」。澳洲人收到的建議是：「停止散播病毒，保持健康」。加拿大

人收到的建議是：「待在家、戴口罩、勤洗手」。

在危機的當下，簡短的單字有急迫感、引人注意，而且容易理解。

想像一下，如果文宣的內容用傳統官僚術語會是什麼樣子。傳達的訊息聽起來可能會像是這樣：

為確保民眾的健康與安全，所有非從事會影響重大基礎建設的重要活動之公民，即刻起應留在自己的住所，以減少新型冠狀病毒的擴散，並將致病性與致命性降至最低。[3]

這段文字不是我亂掰的。這是紐約州於2020年3月16日發出的留在家中行政命令。這是法律用語，不是一般人日常生活的用語。大部分醫療溝通人員都知道兩者的差別。當他們在危機中溝通時，會選擇來源是古英語的用語，例如「待在家」和「救命」。

那麼非英語系國家呢？簡易字也適用於危機時刻嗎？當然。

新冠疫情讓日本陷入一陣慌亂，因為日本當時正面對2020東京奧運延期造成的心理與經濟衝擊。衛生專家在3月時開會的結論認為，三個條件造成病毒的傳播：密閉空間且通風不佳、擁擠的空間導致無法維持社交距離、與他人對話時的距離太近。

「行為修正」很重要，而且有效溝通是唯一能說服民眾採取預防措施的辦法。衛生當局開始宣導，敦促民眾避免「三密：密閉、密集、密切接觸」（Closed Spaces, Crowded Places, and Close-Contact Settings）。這「三密」非常容易記住，就連年幼的日本學童也知道要避免密閉、密集、密切接觸。

　　全球的衛生專家都受過危機溝通的訓練。他們學會的第一條法則就是，把訊息說清楚而且簡潔。危機溝通領域中有很多研究是根據「心理噪音理論」（mental noise theory）。意思是，在發生危機時，壓力會升高、情緒會激動。在這些情況下，人們比較不可能精確聽到、了解和記住訊息。

　　排除噪音的解決之道，就是編寫一段可以用7到9個英文字說完的訊息，或是用20個英文字寫完。這就是為什麼你常常會看到危機訊息是以3個英文字寫成，而且每個字越短越好。如果你的衣服著火了，很容易就會想起「停、倒、滾」。在美國經常發生地震的地方，兒童都會被教導要「趴、躲、抓」。

　　在危機時期傳達訊息時，要選擇最短的字詞。在疫情期間，我們都一再聽到這樣的指示：留在家、戴口罩、保持六呎距離。當你用最古老的字來傳達訊息時，你會發現沒有更短的字可用來傳達相同的事情。

如何向大多數人解釋複雜的概念

當你要說的概念很複雜時，你的用詞就應該縮短。

我們用法律來舉例。律師超愛用來源是法文或拉丁文的單字。所以法律合約裡充斥著日常對話中不會使用的字：heretofore（迄今）、indemnification（賠償）和force majeure（不可抗力）。

蕭恩·博頓（Shawn Burton）認為，該是時候改變了。他為奇異（GE）法律部門帶來的革新，就是以簡明英語來溝通。博頓是奇異航空航空部門的法律顧問，他在《哈佛商業評論》一篇文章的開頭這麼寫道：「一篇訊息密集、過於冗贅、內含大量法律用語，而且除了律師以外幾乎沒有人看得懂的合約叫做什麼？現狀。」[4]

博頓說，絕大多數的法律合約都「充斥著非必要而且沒人看得懂的用語」。博頓花了三年推廣以通俗的用語撰寫合約，而不是用晦澀難懂的法律術語（legalese），韋氏詞典將法律術語定義為：「律師的用語，大部分的人很難看得懂。」

法律術語的問題令公司的業務團隊非常挫折。長度超過一百頁的合約，其中將近三十幾頁的定義，占據太多閱讀、理解和談判的時間。博頓在法學院時學到簡明英語，於是他想出一個簡單的測試：「如果高中學生拿起合約，在沒有解說的情況下無法看懂，那就不夠簡明。」[5]

重寫合約並不容易。博頓的法律團隊花了一個月撰寫

第一份草稿，但他們成功將七份合約減少成一份。需要超過一頁的陳述和段落，都被縮減成一或兩個句子。有一份合約的句子有142個字。把許多拉丁字源的用語換成較簡單、相同意思的字後，就把句子減少成65個字——儘管還是很多，但已將句子的長度縮短了超過一半。

最重要的是，合約不再需要附錄了，因為33個需要定義的詞都已經被刪掉了。

每個人都同意，最後的合約比較短、比較易讀。已經不再有indemnification（賠償）、heretofore（迄今）、whereas（鑑於）和forthwith（應即）這類的字眼。有些人甚至覺得新的合約很「震撼」，因為他們發現越簡單的用語就越容易理解。博頓說：「合約中的法律概念以往都寫得很複雜，現在以外行人也看得懂的方式撰寫。句子比較短，也以主動句型撰寫。」[6]

這麼做得到了很好的成果。第一批一百五十份簡明用語的合約使談判的時間減少六成。根據博頓的說法，新的合約使協議能更快達成、改善了顧客滿意度，還能節省金錢。

博頓稱他的做法是「卓越的合約撰寫方式」。這個策略雖然很屬害，卻不是新的想法。

比奇異的簡明用語提議還要早一百五十年，一位來自大草原的律師就想到這個策略，他就是美國前總統亞伯拉罕·林肯（Abraham Lincoln）。

歷史學者桃莉絲·基恩斯·古德溫（Doris Kearns

Goodwin）寫道：「林肯的成功在於他非常聰明地將最複雜的案件或議題，拆解成最簡單的元素。」[7]雖然林肯的論點既合邏輯又深奧，卻很容易理解。他是怎麼辦到的？「他把目標放在與陪審員親密地交談，彷彿在和朋友說話一樣。」古德溫引述林肯的同業亨利・克雷・惠特尼（Henry Clay Whitney）的觀察指出：「林肯的用語都是通俗的盎格魯薩克遜（Anglo-Saxon）用詞。」

老亞伯早就知道了。

———

我們再把話題拉回到亞馬遜。但不是西雅圖的亞馬遜，而是「南韓的亞馬遜」。

2021年3月，南韓最大電商酷澎（Coupang）成為上市公司。金範錫在哈佛大學商學院只念了六個月就休學，然後在2010年成立酷澎公司。但是別為他擔心。他採用亞馬遜的一些原則，改革南韓的電子商務，根據富比士的資料，現在公司淨值達80億美元。

當金範錫談到公司對服務、大量選擇和低價的執著時，讓我們想到使亞馬遜成功的原則。這位年輕創業家也學習貝佐斯的方法，利用通俗和簡單的用語來解釋新的想法。

金範錫在上市說明會的簡報中，解釋了他稱為「火箭速配」（rocket delivery）的快速到貨服務。速度真的很

快。酷澎先進的物流系統可以在幾小時內就發送上百萬件商品和新鮮蔬果，而且全年無休。

金範錫解釋這項服務：「最晚午夜前訂貨，醒來就發現你訂的產品送到門口了。下單、睡覺。醒來就發現產品送到家門口，彷彿聖誕節早上一樣。你的孩子需要芭蕾舞裙嗎？午夜前下單，在孩子出門上學前就能收到。或是晚上下訂一副耳機，隔天上班通勤時就可以使用。」[8]

金範錫的提案可讀性達到90分，表示對大部分的人來說都「非常易讀」，很容易了解。分數越高，句子和單字長度就越短。這段文字是三年級可懂的程度，而且沒有被動句。幾乎沒有辦法用更簡單的方式說同樣的話。

然而金範錫的文字卻隱含著非常複雜的資訊。他沒說公司「善用機器學習以預期需求，並將庫存提前部署到離客戶更近的地方」。他沒有解釋「動態編排」（dynamic orchestration）是什麼，這種技術可將上億種庫存組合與路徑選擇分類，以預測每一筆訂單最有效率的路徑。他也不討論整合系統，讓公司「將上游程序最佳化，以降低下游效率低落的問題」。

一般顧客才不在乎訂單是怎麼抵達門口的。他們才不在乎公司使用哪個人工智慧、物流或軟體平台，以提供這樣的體驗。雖然他們不在乎「動態編排」，卻對結果非常滿意：這項技術讓酷澎能在隔天或幾個小時內，就配送所有的產品。

金範錫告訴CNBC新聞台，他「羨慕」亞馬遜的業務模

式，而且受到貝佐斯清楚表達公司的願景與優勢所啟發。金範錫也成了極佳的溝通者。許多顧客都記得公司簡單、易記的使命宣言：「打造一個世界，讓顧客的生活中無法沒有酷澎。」

格言濃縮重要的思想

我們都聽過一句話：「不要修理沒壞的東西」（If it ain't broke, don't fix it.）。有創業者對這句古老格言進行了新的詮釋，並創造了自己的格言：「快速行動，打破陳規」（Move fast and break things.）（編按：這是臉書的核心精神之一）。這些都是格言——簡潔的諺語、精闢的觀察、智慧的雋語或珍貴的建議。每一句格言傳達的訊息當然都不同，但是幾乎全都很簡短：

- 種瓜得瓜，種豆得豆。
- 任何弱點都會拖累整體。
- 事情並無絕對的好壞，思維造就一切。
- 羅馬不是一天造成的。
- 人不可貌相。

冗長、令人困惑的格言會讓人很難記得住。記不住的建議，就不會有人遵守。短句和簡單的用詞最適合新穎或發人深省的想法。

哲學家暨暢銷書《黑天鵝效應》（*The Black Swan*）作者納西姆‧尼可拉斯‧塔雷伯（Nassim Nicholas Taleb）說，格言的力量在於「以幾個字濃縮重要的思想」。

在《黑天鵝語錄》（*The Bed of Procrustes*）一書中，塔雷伯解釋格言、警語、俗語和諺語，都是最早的文學形式。「這些如珠妙語充滿豐富的內涵⋯⋯代表寫作者具有卓越的能力，將重要的意義濃縮成幾個字——尤其是以口語的形式呈現⋯⋯。格言改變我們的閱讀習慣，給我們少量的資訊；但每個都是一個完整的單元，一個不扯進其他不相關事項的完整敘事。」[9]

有些格言很老套，重複說著你已經聽過很多次的常識。但是塔雷伯認為其他格言都是「精巧、可以運用的想法」，能讓人有所發現，而且有「爆炸性的後果」。

格言逼著你以全新的方式看待世界，這些格言經得起時間的考驗，因為已經代代相傳。同樣的，貝佐斯希望他的策略能由現在的員工傳給新的員工，所以整間公司現在仍遵循著共同的目標。貝佐斯把他的建議包裝得有如諺語和格言一般，而格言的定義就是富有智慧的短句。較短的單字比較容易說、容易讀、容易記、容易重複。

知名的貝佐斯語錄

我們來仔細看看一些最知名的「貝佐斯語錄」（貝佐斯最令人難忘的格言），並看看為什麼他選擇某些用詞，

而不選擇某些用詞。下表的範例有這些話被廣為流傳的原因。

表2.2　貝佐斯的格言

格言	説明
Get big fast. 快速茁壯。	3個英文字，在費雷許易讀性評量可得100分。沒有辦法寫得比這更簡短了。
You don't choose your passions. Your passions choose you. 不是你選擇熱情，是熱情選擇你。	這句話的易讀性也接近100分，這是幾近完美的句子。而且這句話還更有力量，因為它使用一種叫做語句交錯排列（chiasmus）的修辭法，同一句話連續說兩次，但是第二次的句子順序是顛倒過來的，就像小甘迺迪的名言：「不要問國家可以為你做什麼，要問你可以為國家做什麼。」
You can work long, hard, or smart, but at Amazon.com, you can't choose two out of the three. 你可以長時間、辛苦或聰明地工作，但在亞馬遜無法從三者之中擇其二。	這是貝佐斯在1997年時説的，從此以後就流傳下來。除了「亞馬遜」，其他英文單字都只有一個音節。
In short, what's good for customers is good for shareholders. 簡而言之，對顧客好的事就是對股東好的事。	貝佐斯在2002年提出這個建議。我們知道這是一個重大原則的簡短摘要，因為他是這麼説的。

格言	說明
Life's too short to hang out with people who aren't resourceful. 人生苦短，別和不聰明的人打交道。	貝佐斯可以選擇用「交流」（associate）或「稱兄道弟」（fraternize），但他選擇了通俗的用語「打交道」（hang out）。
If you can't feed a team with two pizzas, it's too large. 如果兩個披薩餵不飽一個團隊，那這團隊就太大了。	易讀性100分，沒有比這更簡單的方式可以表達一個足以寫成一本書的概念，而且還真的有人寫過這樣的書。
Your brand is what others say about you when you're not in the room. 你的品牌就是別人在你背後對你的形容。	同樣的，這個概念也可以寫成一本有關建立品牌的書，幾乎全都是單音節的字。
It's always Day 1. 永遠都是第一天。	非常易讀、易記、易重複。

訓練方法

　　使用費雷許-金凱評量來簡化你的寫作。有好幾個寫作平台提供這樣的服務，包括線上寫作修改網站Grammarly，微軟的Word有附加的可讀性評分功能。在Word的選項中，你可以找到「拼字和文法」標籤。勾選「顯示可讀性統計」方塊，就會顯示文

件的可讀性和閱讀的層級。亞馬遜教員工把「可讀性」的目標訂為50分以上、年級訂為八年級。本章的可讀性為59分、費雷許-金凱評量為八年級，這表示本章內容夠簡單，各種能力的讀者都能輕鬆理解。

奧馬哈的先知

先知的定義是具有深奧智慧的人。世界各地都有這樣的人，包括內布拉斯加州的奧馬哈市，世界上最聰明的金融先知就住在這裡（編按：奧馬哈是股神巴菲特的故鄉）。

億萬富豪巴菲特是使用譬喻的天才，我們在前面已經提過了。他也很擅用短語。巴菲特大部分的名言內含的智慧，可以寫成一整本相關主題的書，這也解釋了為什麼人們喜歡讀和分享揭露基本真理的短句。這些話用一、兩個句子就能啟迪人心、讓人受教和啟發。下表提供奧馬哈先知巴菲特說過的格言。

表2.3　巴菲特的格言

格言	說明
Be fearful when others are greedy and greedy when others are fearful. 別人貪婪時我恐懼，別人恐懼時我貪婪。	這句出自巴菲特在1996年致股東信的話，有兩個優勢：使用較短的單字——他用基礎字彙greed而不是進階字彙avarice（兩者皆為「貪婪」）——同樣的，這也使用了顛倒字詞順序的修辭法。這句話精簡又琅琅上口，而且還有一個好處是聽起來很順耳。總而言之，就是很讓人印象深刻的一句話。
It's not how you sell 'em, it's how you tell 'em. 重點不是怎麼賣，而是怎麼說。	在2016年的致股東信中，巴菲特根本懶得把them這個字完整拼出來，只寫了'em。所以他的格言經常被稱為「平民的智慧」，他寫作的方式就像一般人說話的方式。
It's better to hang out with people better than you. 最好和比你優秀的人往來。	這句話的後面，巴菲特還有再解釋：「選擇行為比你良好的朋友，你就會逐漸向他們靠攏。」但是比較短的那句話深植人心。
I don't look to jump over 7-foot bars: I look for 1-foot bars that I can step over. 我不打算跳過七尺柵欄，我尋找可以跨過的一尺柵欄。	除了over之外，整個句子全都是單音節的字。
If you buy things you do not need, soon you will have to sell things you need. 如果你買了不需要的東西，很快你就得賣掉你需要的東西。	所有單字都是單音節的句子。

格言	說明
You never know who's swimming naked until the tide goes out. 只有潮水退了，你才知道誰在裸泳。	subside（退潮）聽起來不像 goes out（退了）那麼有力。
For 240 years it's been a terrible mistake to bet against America, and now is no time to start. 過去兩百四十年來，做空美國都是很糟糕的主意，現在也一樣。	用字遣詞是關鍵。巴菲特選擇較短的bet而不是wager（皆為「押注」），使用start而不是commence（皆為「開始」）。
America's best days lie ahead. 美國的好日子正在前方。	這個句子比第一個版本還要更短。想像一下如果巴菲特寫的是：「美國正處於未來成長大豐收的有利位置」，會是什麼情形。如果你想大膽一點，就要寫得簡短一點。

　　對領導來說，簡短、琅琅上口的詞語，就像歌曲中副歌的賣點（hook）一樣。副歌的賣點是歌曲創作很有用的工具，能讓歌曲令人難忘。學術上用來形容這個現象的詞是「非自主音樂意象」（involuntary musical imagery），用通俗的話來說就是「洗腦歌」（譯註：英文為earwarm，意指音樂像蟲子從耳朵爬進去，然後深植腦海中揮之不去）。

偉大的溝通者是為耳朵而創作

　　歌詞之所以洗腦，讓人邊洗澡也會邊哼出副歌賣點的

幾句歌詞，就是因為能琅琅上口且容易記得。雖然有幾個方法可以寫出琅琅上口的賣點，基本的規則仍是必須簡單、容易重複。大部分在廣播電台播放的副歌賣點只有三到五秒的長度。若副歌的賣點很突出，而且一再重複時，你就很有可能會被洗腦。

比爾・威德斯（Bill Withers）於1972年寫出副歌賣點「當你不夠堅強時就依靠我」。他當時不知道這首歌會名列《滾石》有史以來最偉大的五百首歌曲之一。

多年後，威德斯在採訪中表示：「對我來說，這世界上最大的挑戰就是，把複雜的東西變得簡單，讓大眾都能了解。我非常堅持要以最簡單的方式來說一件事，因為簡單的東西容易記住。如果東西太複雜，你就不會邊走邊哼，因為根本記不住……重點在於，不只要讓人記得，還要一再回想。」[10]

威德斯說，鄉村音樂是他最喜歡的類型，因為鄉村歌曲用簡單的歌詞來說一個故事。威德斯早在鄉村樂巨星路克・康柏斯（Luke Combs）出現時，就已經有這樣的觀察，但他們都喜歡做一件事，就是把複雜的故事線變成簡短的副歌賣點。

康柏斯創下「告示牌」（Billboard）的串流紀錄，因為他的副歌賣點很機伶、難以抗拒，而且通常就是他歌曲的名稱：《她騙了我》（*She Got the Best of Me*）、《傾盆大雨》（*When It Rains It Pours*）、《所見即所得》（*What You See Is What You Get*）和《啤酒從不令我心碎》（*Beer*

Never Broke My Heart）。

康柏斯談到他寫作的過程時說：「我寫歌時非常挑剔。我是超級完美主義者……就連很小的字也超級重視。」[11]

——

如果你認為副歌的賣點無法幫助身為領導者的你溝通，讓我告訴你三個字：可以的。美國前總統巴拉克·歐巴馬（Barack Obama）在參選總統時，僱用了一位寫演講稿的文膽，且這位文膽聽得出美妙的用語。

強·法費羅（Jon Favreau）在2008年為歐巴馬撰寫演講稿，讓這位伊利諾州參議員從此脫穎而出。他們也合作在歐巴馬幾年前政治廣告中使用的三個字：Yes We Can（我們辦得到）。用修辭學的術語來說，他們把這個詞變成了一個結句重疊（epistrophe），也就是在句子的最後重複這幾個字。這句話變成了一個賣點，在演說中讓人們跟著附和，就像聽眾開始熟記於心的副歌一樣。《華盛頓郵報》稱之為「有如歌詞般琅琅上口」。

在一場演說中，歐巴馬重複了這三個字十二次。

當我們面臨不利的處境，當別人說我們還沒準備好，或是我們不應該嘗試，或是我們辦不到，世世代代的美國人都用一句話來回應，而這就是這個民族的精神：**我們辦**

得到。**我們辦得到。我們辦得到。**

這是寫在建國文件中的信條，宣告了一個國家的命運：**我們辦得到。**

當奴隸和廢奴主義者在最深的黑暗披荊斬棘、邁向自由的路上，他們耳語著：**我們辦得到。**

當移民者離開遙遠的海岸，以及拓荒者向西部推進、面對無情的荒野時，他們高唱：**我們辦得到。**

⋯⋯而我們將一同開啟美國史的下一個偉大篇章，讓這幾個字從東岸到西岸、從大西洋到太平洋被大聲高唱：**我們辦得到。**[12]

歐巴馬的演說有如美妙的歌曲，用音樂的韻律來訴說故事。他將想法寫成歌詞的段落，而「我們辦得到」就是副歌賣點，讓人跟著一起唱，成為令人難忘的標語。

好的溝通者能清楚且簡潔地表達，偉大的溝通者則為大眾的耳朵而創作。

3

令人目眩神迷又光彩耀眼的寫作

幾千年前發明的寫作是個非常重要的工具，
我毫不懷疑寫作徹底改變了我們。

——貝佐斯

體育作家瑞德‧史密斯（Red Smith）曾說：「寫作很容易。只要坐在打字機前面，打開血管，開始流血。」（編按：意指寫作就是打開心扉，將真正的想法透過敲打鍵盤，將心血轉化成文章。）

動筆寫東西很容易，寫出有意義的文字則很困難。

喜劇演員傑瑞‧史菲德（Jerry Seinfeld）曾對播客主持人提姆‧費里斯（Tim Ferriss）說，用寫作的形式來表達你的想法就像「在柔軟的泥地上，逆風推著裝滿磚塊的獨輪手推車」[1]。「寫作是個痛苦而且費力的過程，但是在喜劇界，不學著寫作，你就會消失。寫作救了我的命而且成就了我的事業。單口喜劇這一行其實就是寫作。」

你的工作可能不像史菲德那麼依賴寫作能力，但是寫

作幾乎對所有行業的所有職位來說，都是一個關鍵的技能。**幾乎所有用來通知、說服或激勵人的溝通內容，都是從文字寫作開始**：一篇啟迪人心的大學入學申請自傳能讓申請者名列前茅，一篇令人難忘的簡報會讓觀眾驚豔，一封簡短的電子郵件能讓收件者採取行動，一則抖音或IG的標題能讓人願意捐款。絕佳的寫作技巧也是被亞馬遜錄取，並攀上領導地位的必要條件。沒有幾間公司像亞馬遜這樣高度重視寫作能力，而且只有少數人會像貝佐斯那麼認真推廣寫作能力的重要性。

寫作是個技能，這表示你可以透過經常練習來加以精進。史菲德打造了一些方法來幫助自己寫作，商務人士也能利用這些技巧來提升自己的寫作能力。首先，史菲德像運動員一樣來鍛鍊這項技能。他每天都會練習寫作，就算一些想法沒有變成能賺錢的笑話也要寫。他說：「沒有人一開始就很厲害，厲害的人花了很多時間練習。這是一個經驗累積的遊戲。」[2]

第二，史菲德會限制自己寫作的時間。當他的女兒對他說，她打算花一整天的時間寫一個專案，他的回應是：「不，別這麼做。沒有人能寫一整天。莎士比亞也不會一整天都在寫作。這麼做根本是種折磨。給自己一個小時的時間吧。」史菲德提醒女兒，寫作是人類所嘗試的最困難的任務之一。從大腦和精神召喚出一個想法，然後將其寫在白紙上，對大部分的人來說這並不是很自然的事。「有些人會對你說『寫就對了』，彷彿你本來就應該要會寫

作。世界上最了不起的人也辦不到。如果你要寫作，首先
應該要知道的是，你要做的這件事是非常困難的。」

———

　　既然我們知道好的寫作並不容易，所以我不會給你一
些「規則」讓你照著做，這樣會把寫作搞得更困難。規則
是死的，而且會令許多人想起在學校寫作文時的痛苦回
憶。規則也有許多限制，並不適用於所有商務寫作的平
台。備忘錄、電子郵件、簡訊、部落格、推特、LinkedIn貼
文和其他社交媒體平台，全都有自己的風格以及讀者的期
望。
　　演員巨石強森（Dwayne Johnson, The Rock）於2020年
在IG貼出一張照片非常受歡迎，那是他在夏威夷祕密婚禮
的照片。他寫道：

Our Hawaiian wedding was beautiful and I want to thank
our incredible staff for their outstanding work. To carry out my
#1 goal of complete privacy, no wedding planners or outside
resources were hired. Everything you see was created by hand,
by staff and family only. The end results were spectacular and
Lauren and I will forever be grateful for helping our hearts sing
on this day.
　　我們在夏威夷的婚禮很美而且我要感謝很棒的工作人

員傑出的工作成果。為了達到我對於完全隱私的首要目標，沒有婚禮規劃員或外部資源被僱用。你們看到的一切都是由我的員工和家人手工製作。最後的成果非常美而且蘿倫和我永遠感激你們在這一天讓我們的內心充滿喜悅。

強森的文字很貼心又優美，我是1,500萬個按讚的人之一。我覺得寫得很完美，但是文法學者可以找到很多的錯誤。我用文法軟體檢查強森寫的貼文，發現這篇文字違反好幾個惱人的文法規則。例如：

- 「美」（beautiful）的後面要加逗號，因為後面的「而且」（and）是複合句中的對等連接詞。
- 以從屬動詞片語開頭的句子「為了達到我對於完全隱私的首要目標」（To carry out my #1 goal of complete privacy）中，有一個修飾語沒有修飾的對象，本句應該改寫。
- 「沒有婚禮規劃員或外部資源被僱用」（no wedding planners or outside resources were hired）應該改寫成主動語氣。
- 「最後的成果」（end results）中的「最後的」（end）是多餘的，應該刪除。
- 「非常美」（spectacular）的後面應該加上逗號，因為同樣的原因，要分開複合句中的對等連接詞「而且」。

巨石強森的貼文沒有遵守好幾個「規則」，但我連一個字也不想改。沒錯，規則的存在是有原因的，而且你應該了解文法規則才能讓寫作技巧成長。但是規則也代表著有正確答案和錯誤答案。我寫這本書是為了幫助你穿越灰色地帶，並仍能有效地說服與清楚地溝通。就算你有最棒的想法、運用正確的文法，但如果你無法成功說服別人根據你的想法採取行動，那就是失敗。就算你有某個問題的最佳解決方案，但如果你無法清楚表達解決方案的意義和你想要表達的情感，你就可能無法讓聽眾接受。表達你的想法最有效的方式，就是有用的方式；而有用的方式可能會違反一些正式的「規則」。

所以，我們要用工具和策略來取代規則。工具是有彈性的，我們要為工作選擇正確的工具。策略結合了藝術和科學，而說服是一種需要藝術與科學這兩種知識的技能。是的，可以學習規則，但是不要讓規則阻礙了你。

非常少商業類書籍討論到寫作這個主題，除非寫作就是那本書唯一的主題。許多企業執行長寫書談論領導能力，但除了讚揚寫作的重要性外，他們都不會提供明確的訣竅來幫助讀者寫得更好。儘管他們有不少人是非常好的寫作者，但覺得自己沒有資格提供這樣的建議。我們以為好的寫作者能運用某種其他人所沒有的魔法。這是胡說八道。再次強調，**寫作是個技能，這表示你可以透過經常練習來精進這項能力。**

下圖是貝佐斯擔任亞馬遜執行長時寫的二十四封致股

東信點狀圖。我使用寫作教學網站Grammarly的可讀性功能，確認出每一封信適合的年級。貝佐斯的致股東信可讀性，從八年級到大學程度都有。請記住，年級越低，內容就越容易了解。寫作品質得分最高的信中，有高達七成是在2007年之後寫的，也就是貝佐斯開始以文字和股東溝通的十年後。一位曾和貝佐斯密切合作的前亞馬遜人告訴我，這張圖是貝佐斯堅持追求卓越的另一個證明。貝佐斯不斷在學習溝通，他年復一年地閱讀、苦思、聚集專家、強化技能。寫作技巧也不例外。

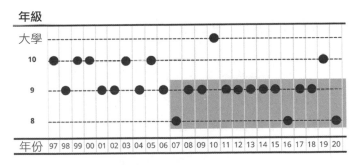

圖3.1　貝佐斯二十四封致股東信的點狀圖

　　由於所有人都能追求卓越並改善寫作技巧，所以我在開始撰寫本書前回到了學校，重讀了一些我最喜歡的寫作教學書，然後訪談這個領域幾位最厲害的專家。一開始我只想了解為什麼貝佐斯的二十四封致股東信被認為是簡單和清楚的範本。但當我和專家訪談時，他們激起了我對寫作這門藝術的熱情。最重要的是，他們幫助我找出具有影

響力的企業領袖所使用的許多簡單、令他們脫穎而出的寫作策略。我尋求好幾位作者和寫作專家的幫助，例如蓋瑞・普洛沃斯特（Gary Provost）、羅伊・彼得・克拉克（Roy Peter Clark），以及英國的YouTube網紅吉兒（Gill）。

我將在本章提供這些人和其他專家提供的七個寫作訣竅，他們的策略將提升你的寫作技巧。你也會學到貝佐斯和其他有效率的企業領袖，如何遵照這些寫作原則來推廣他們的想法。

1.句子要以主詞和動詞開頭

句子的主詞是執行動作（動詞）的人或東西。你可以把主詞和動詞想像成火車頭，負責拉動後面的車廂。好的寫作者會以句子最重要的元素為開頭，然後向右延伸出其他內容。

克拉克提供以下範例：「寫作者撰寫的句子要以主詞和動詞開頭，後面接著次要的元素，以創造學者所謂向右延伸的句子。」（A writer composes a sentence with subject and verb at the beginning, followed by other subordinate elements, creating what scholars call a right-branching sentence.）[3]克拉克的這句話，主詞與動詞非常接近：寫作者撰寫（writer composes）。盡量不要讓主詞與動詞離得太遠。克拉克的這句話，如果用比較不好的方式來寫，就會

變成：「想成為擅於寫作的寫作者，應該要撰寫以主詞和動詞開頭的句子。」（A writer who wants to be really good at the craft should compose a sentence with a subject and verb at the beginning.）

如果你寫不出好的句子，試著從主詞和動詞開始。這能減輕你的負擔。

我們來看看貝佐斯是如何用主詞和動詞開始句子的，並帶出句子的其他部分。主詞和動詞以粗體標示。

· **Amazon's vision** is to **build** Earth's most customer-centric company, a place where customers can come to find and discover anything and everything they might want to buy online.

亞馬遜的願景是打造世界上最顧客至上的公司，顧客可以來此尋找而且可以找到任何他們想在線上購買的東西。[4]

· **We live** in an era of extraordinary increases in available bandwidth, disk space, and processing power, all of which continue to get cheap fast.

我們生活在網路頻寬、磁碟空間和處理器效能提升速度驚人的時代，這些都快速變得越來越便宜。[5]

· **Our energy** at Amazon **comes** from the desire to impress customers rather than the zeal to best customers.

在亞馬遜，我們的能量來自於希望讓顧客留下深刻

的印象，而不是只熱情對待最佳顧客。」[6]

· **We designed** Amazon Prime as an all-you-can-eat free
program.
我們設計的Amazon Prime是一個吃到飽的免費方
案。

以上每個句子的主詞和動詞，都是帶動句子其他部分
的火車頭。

2.調整文字的順序以強調重點

句號在英國被稱為full stop。句號就是停止符號，引導
讀者的眼睛去看下一個句子的文字。

許多寫作老師會建議，**把最重要的資訊放在句首（火
車頭），有趣的字放在句尾（末節車廂），把不怎麼樣的
內容藏在中間。**

莎士比亞的《馬克白》（*Macbeth*）中有句知名的話：
「女王，大人，駕崩了。」（The Queen, my lord, is dead.）
莎士比亞大可以將主詞和動詞放在一起，寫成這樣：「大
人，女王駕崩了。」（The Queen is dead, my lord.）但是他
用主詞開頭，驚人的內容放在句尾，然後是句號。根據克
拉克的說法，這是「莎士比亞完美的體操落地動作」[7]。

貝佐斯的句子結構就是用強大的火車頭帶動中間較弱
的文字，然後再把完美的壓軸放在句尾。請參考下面1998

年致股東信中的兩個句子：

We love to be pioneers, it's in the DNA of the company, and it's a good thing, too, because we'll need that pioneering spirit to succeed.

我們很喜歡當先鋒，這是公司的基因，而且這也是好事，因為我們需要先鋒的精神才能成功。[8]

「而且這也是好事」（and it's a good thing, too）讓這句話變得很口語，並提出他要講的重點，但是以成功的精神做壓軸會更有力。

Setting the bar high in our approach to hiring has been, and will continue to be, the single most important element of Amazon's success.

將僱用的標準設定得很高，一直都是、未來也仍會是亞馬遜成功的最重要因素。

同樣的，貝佐斯將較弱的「未來也仍會是」（and will continue to be）放在句子的中間。「標準設定得很高」（setting the bar high）和「亞馬遜成功」（Amazon's success）是兩個最重要的概念，所以分別在句首和句尾。

對於房地產來說，最重要的是位置。你可以把同樣的策略用在你要傳達的話上。你可以建造一棟美侖美奐的房

子（一個很吸引人的想法），但是如果位置不佳就會損及房子的價值。羅馬帝國時期的演說家昆體良（Quintilian）相信，重新排列句子的文字可以提升句子的韻律感，並且激勵讀者或聽眾採取行動。

表達能力佳的寫作者會思考，將文字放在句子的哪個位置以達到最大的效果。從最有力的字開始，把較弱的字放在中間，然後以有力的字做結。

3.使用主動語氣（大部分的時候）

美國前總統約翰·甘迺迪（John F. Kennedy）非常喜歡伊恩·佛萊明（Ian Fleming）的龐德（James Bond）系列小說。根據克拉克的說法：「在佛萊明的文章中，力量來自於動作動詞（active verb）[9]。舉例來說，甘迺迪最喜歡的一本是《俄羅斯之戀》（*From Russia with Love*），裡面的動詞讓動作有力量：「龐德走上幾階樓梯，打開門鎖，把門上鎖並用螺栓固定後轉身走掉。」

如果句子的主詞執行動作，那就是主動句。如果主詞接受動作，那就是被動句。以下是一個例子：

傑夫·貝佐斯於1994年成立亞馬遜。（主動）
亞馬遜是在1994年由傑夫·貝佐斯所成立。（被動）

主動句比較清楚，而且使用較少單字來表達相同的意

思。被動句除了用字比較多之外，要傳達的意思也模糊掉了，當訊息變得複雜，讀者也會感到困惑。被動語氣也會令人不信任。領導者要避免承擔責任時，通常會使用被動語氣的句子。記者之間有個笑話是這麼說的，不想扛責任的領導者會説：「一些員工犯了錯。」（Mistakes were committed by some staffers.）人們渴望的是願意承擔責任的領導者，而願意承擔責任的領導者會使用主動語氣的句子：「我犯了錯。我責無旁貸。是我的錯。」（I made mistakes. The buck stops with me. Blame me.）

　　許多寫作專家都同意，將被動句改成主動句，會讓你的寫作更有活力。史蒂芬·金（Stephen King）説，被動語氣毀了「所有商業文件」。威廉·金瑟（William Zinsser）在暢銷經典《非虛構寫作指南》（*On Writing Well*）中寫道：「除非不用被動態動詞就寫不出好的句子，否則請使用主動態動詞。對作家而言，主動態動詞和被動態動詞之間的差別——就清楚和力量來説——就像生與死的差別。」[10]在經典的《英文寫作聖經》（*The Elements of Style*）中，威廉·史壯克（William Strunk）寫道：「主動語氣通常比被動語氣更直接而且有活力。舉例來説，『我會永遠記得第一次的波士頓之旅』會比『第一次的波士頓之旅將被我永遠記得』。第二句較沒那麼直接、沒那麼大膽，也沒那麼簡潔。」[11]

　　在撰寫商業文件時，請盡可能使用主動語氣。**主動語氣的句子很容易理解、更快傳達重點，而且減少傳達想法**

所需的字數。

　　下面這句話是主動語氣：「男孩踢了那顆球」。「男孩」是主詞，因為是他執行動作。「踢」是動詞，因為這表達的是動作。「球」是句子的受詞，因為它接受動作。主詞—動詞—受詞。這個句子短、簡單、精確。很清楚是誰做了什麼事。這個句子比被動、模糊、冗長的：「那顆球是被那個男孩踢的」還要好。

　　「那顆球是被那個男孩踢的」這句話只被Grammarly找到一個問題：這是被動句。Grammarly的建議是：「你的句子可能不清楚，而且很難理解。請考慮重寫。」Grammarly說得沒錯。如果你考慮把被動句改寫成主動句，你的寫作就會好得多。

　　想要掌握以主動語氣寫作，閱讀高品質的商業新聞標題是個很好的辦法。舉例來說，當我在寫本章時，我發現下面這句話標題是「主詞—動詞—受詞」的形式：聯準會升息（Fed Raises Rates）。底下的文章都在解釋為什麼聯準會要調高利率、調高多少，以及這對一般消費者代表什麼意思。但如果你只讀主動語氣的3個字的標題，就能得到很多資訊了。

　　以下是我看到的一些標題（動詞以粗體顯示）：

- Intel **invests** $20 billion in Ohio.
  英特爾投資兩百億美元於俄亥俄州。
- Home sales **hit** 15-year high.

房屋銷售創下十五年新高。

· Pandemic **blurs** economic outlook.

疫情模糊了經濟展望。

· Inflation **accelerates** at the fastest pace in a decade.

通膨加速,為十年來最快。

· TikTok **dances** past Google for top spot in web traffic.

抖音超越谷歌,成為網路流量最大的程式。

　　用主動語氣來寫作,長期下來會令你的生涯有很大的進展。想像一下,你試著申請進入哈佛商學院,全世界首屈一指的學校。申請者逾一萬人,錄取率約11%。哈佛招生部門承認,他們找的申請者是寫作出眾而光彩耀眼的人。一位哈佛的入學審查官說:「申請者必須有能力在相對較短的文章範圍內介紹自己。善於溝通的人會用簡單的用語和短句來傳達他們要說的話。」[12]這位入學審查官以及許多大學的顧問都建議申請者,在寫申請文件時使用主動語氣來建構大部分的句子。主動語氣能傳達出行動,並且產生更強烈的情緒影響。所以,請用主動語氣來讓自己脫穎而出。

　　驚豔讀者的下一步,是寫出動態動詞給他們看。

4.寫出有力的動詞

　　有力的動詞會給人重擊的感覺。克拉克說:「有力的

動詞能創造動作、節省用字，並揭示動作者。」[13]有力、有意義、描述性的動詞展現的是信心和確定感。《改善寫作的一百種方法》（*100 Ways to Improve Your Writing*）的作者普洛沃斯特寫道：「動詞，動作之詞，是句子能量的主要來源。動詞是執行者，必須居於主導地位。」[14]普洛沃斯特說「無力的」動詞和有力的動詞相反：無力的動詞不明確、不主動，而且雖然不需要但卻依賴副詞來傳達其意義。舉例來說，在這個句子中「狐狸在森林裡快步行走」（The fox walked rapidly through the woods），「行走」（walked）這個動詞要靠副詞「快」（rapidly）來傳達其意義。比較有力的句子是「狐狸在森林裡狂奔」（The fox dashed through the woods.）。

普洛沃斯特說：「如果你明智地選擇有力的動詞，那麼動詞會比任何其他字詞更賣力地為你表達。更重要的是，有力的動詞會讓段落充滿力量、令人興奮，並有能吸引讀者的動作感。」[15]

請寫出讀者渴望看到的用詞。

貝佐斯通常會選擇使用主動語氣和有力的動詞來描述亞馬遜的成功。貝佐斯曾說：「最激進和最具變革性的發明往往是那些賦予他人釋放創造力——追求夢想的發明。」在1999年的致股東信中，貝佐斯寫道：「我們傾聽顧客的聲音、代替他們發明、為他們客製化、贏得他們的信任。」[16]

貝佐斯在2002年的致股東信中寫道：「從很多方面來

看，亞馬遜並不是一般的商店。我們周轉庫存一年十九次。我們客製化每一位顧客的服務。我們賣出房地產只為追求技術。我們展示顧客對產品的評論。你只要花幾秒鐘、按一下就能購買商品。我們把二手商品放在新品旁邊供你選擇。我們與第三方合作夥伴分享我們最有價值的資產——詳細的產品資訊頁，如果他們能提供更好的價值，我們就會讓他們這麼做。」[17]

選擇有力的動詞，讓你的寫作更有力。我們就來看看在2009年的致股東信中，貝佐斯使用的動作動詞以突顯幾個成就：

- We **added** 21 new product categories around the world.
  我們在全世界增加二十一項新產品類別。[18]
- The apparel team continued to **enhance** the customer experience.
  服飾團隊持續提升顧客體驗。
- The shoes and apparel team **created** over 121,000 product descriptions.
  服飾與鞋子團隊創建了超過121,000則產品描述。
- Amazon Web Services **continued** its rapid pace of innovation.
  亞馬遜網路服務持續快速創新。

想一想哪些動詞能讓你的文字有力量，使你的文字變

得更生動。

2013年時，貝佐斯帶領讀者展開亞馬遜新提案的旅程。每一步都是以主動句和一個有力的動詞開始的。舉例來說：

· Customers love Prime.

顧客超愛Prime。[19]

· Thanks to Audible Studios, people drive to work listening to Kate Winslet, Colin Firth, Anne Hathaway, and many other stars.

多虧了Audible Studios，人們可以一邊開車上班，一邊聽凱特溫絲蕾、科林弗斯、安海瑟威，還有許多明星錄製的有聲書。

· The Amazon App store now serves customers in almost 200 countries.

亞馬遜應用程式現在為將近200個國家的消費者服務。

· We [AWS] launched 61 significant services and features ... The development teams work directly with customers and are empowered to design, build, and launch based on what they learn.

我們（亞馬遜網路服務）推出61個重要的服務和功能……開發小組直接與顧客合作，並根據客戶所需來設計、建立和推出功能。

2016年，貝佐斯再次提到「第一天」的譬喻，並且使用很多有力的動詞。

Staying in Day 1 requires you to **experiment** patiently, **accept** failures, **plant** seeds, **protect** saplings, and **double** down when you see customer delight.

維持「第一天」的心態，你需要有耐心地實驗、接受失敗、**播下種子**、保護小樹苗，而且當你看到顧客滿意時就要再加碼。[20]

5.避免使用修飾動詞的字以及「含糊其辭」

有說服力的領導者在使用主動語氣並且偏好動作動詞時，聽起來會很堅定。他們會避免使用「動詞修飾語」使訊息變得模糊不清楚，因為這種修飾語的語氣又弱又不明確（亞馬遜人稱之為「含糊其辭」，weasel word）。

以下是幾個動詞修飾語的範例：

- 有幾分（Sort of）
- 傾向（Tend to）
- 有點（Kind of）
- 似乎（Seemed to）
- 本來可以（Could have）

我們來想像一下，貝佐斯幾個有名的句子如果使用了修飾語會是什麼樣子。第一句話是貝佐斯說的，第二句則是我們改寫成「弱」的版本。

At Amazon we obsess over the customer.

堅定：在亞馬遜，顧客至上。

At Amazon we tend to think that if we're preoccupied with the customer and actually obsess about them, we could probably be more successful over the long run.

弱：在亞馬遜，我們傾向認為如果我們一心想著顧客並真正為他們著迷，長期下來我們也許就能更成功。

Missionaries make better products. They care more.

堅定：傳教士製造的產品更好，因為他們更在乎。

I sort of think that missionaries tend to make better products. They seem to care a bit more.

弱：我有點認為傳教士傾向製造更好的產品，因為他們似乎比較在乎。

The keys to success are patience, persistence, and obsessive attention to detail.

堅定：成功的關鍵在於耐心、堅持和專注於細節。

I kind of think that the keys to success are probably things like being really patient, very persistent, and sort of having a very obsessive attention to tiny details.

弱：我有點認為成功的關鍵可能是很有耐心、非常堅持，以及非常專注於細節。

堅定的寫作者和演說者會注意很容易就能刪掉的字眼。一般副詞就是這樣的字眼。副詞是用來修飾其他字詞的，許多英文副詞的結尾是ly，且刪掉也不會影響句子的意思。你並不是真的需要這些副詞（You don't *really* need them），我的意思是你不需要「真的」（*really*）這個副詞。你受到極大的驚嚇（Are you *extremely* shocked），還是「受到驚嚇」就夠了？爆炸完全毀了那棟建築（the blast *totally* destroy the building），還是「毀了那棟建築」就可以了？

以約翰・勒卡雷（John le Carré）為筆名的已故作家大衛・康威爾（David Cornwell），就是讓動詞為他的英國諜報小說挑大梁。在《60分鐘》節目訪談時他曾說：「只要能不用形容詞，我就不用形容詞。我也不用副詞。拿掉無關緊要的東西。」[21]

史蒂芬・金曾寫道：「副詞不是你的朋友。通往地獄的路是用副詞鋪成的。」

副詞當然不是完全沒有用，但在商業寫作中通常很累贅或非必要。

6.句子長短要有變化

寫作時盡量言簡意賅，但是不要過於執著盡可能讓每一句越少字越好。要打破固定的模式。

想像一下，如果我整本書的句子都只有六個字，會是什麼樣的情況：

傑夫貝佐斯是個好的溝通者。他的訊息清楚又簡短。貝佐斯也會簡化複雜的概念。現在這篇文章開始變得了無新意。你對這個模式感到無聊。短句偶爾出現會很棒。你的眼睛和耳朵都渴望變化。（譯註：原文每句皆為六個英文字）

傑出的寫作者會寫出長度不一的句子以吸引讀者。他們會寫短句、中句和長很多的句子。根據克拉克的說法：「長句能創造一種流動感，帶著讀者流暢地理解、穩定地前進。短句則是急踩煞車。」[22]

克拉克建議寫作者「別害怕長句」。貝佐斯就不怕寫長句，他很樂意寫長句。

貝佐斯在2010年致股東信的第一句話寫道：「隨機森林、貝氏估計、RESTful服務、Gossip協議、最終一致性、資料分片（data sharding）、反熵、拜占庭法團（Byzantine quorum）、糾刪碼（Erasure Coding）、向量時鐘（vector clock）……它們全都走進某一場亞馬遜會議，你可能會以為自己不小心走進一間電腦科學教室。」[23]

長句最適合用來列舉或描述場景。關鍵在於混合長句和短句。

以下是兩個例子，貝佐斯在致股東信中使用長短不一的句子。

- 1998年：過去三年半很刺激（原文8個字）。我們累計服務了620萬名顧客，1998年的營收是10億美元，在美國推出音樂、影片和禮物商店，在英國和德國開始營運，最近還推出亞馬遜拍賣（Amazon.com Auctions）（原文38個字）。我們預測未來三年半還會更刺激（原文12個字）。[24]
- 2014年：一個夢幻的商業服務至少有四個特色（原文9個字）：顧客喜歡、可以成長得很大、資本報酬率很好，而且會持續下去──有潛力能持續數十年（原文28個字）。當你找到這樣的商業服務，別只是往右滑，要把它娶回家才對（原文12個字）。[25]

  （譯註：在交友應用程式Tinder中，往左滑表示沒興趣，往右滑表示喜歡對方。）

2000年的亞馬遜致股東信混合了長句和短句，是我最喜歡的例子。請注意每個句子都比前一句長一點。

痛（原文1個字）。對資本市場與許多亞馬遜股東來說，這真是殘忍的一年（原文16個字）。在我撰寫這封信

時，我們的股價比我去年寫致股東信時重挫了80%（原文18個字）。儘管如此，不論用什麼標準來評估，亞馬遜這間公司現在比過去任何時候都處於更有利的地位（原文21個字）。[26]

這一段的四句話，平均長度為14個字，但是並非平均分布，而是分別1、16、18和21個字。

我們再來看看貝佐斯在2009年如何使用長句來列舉事項，後面接著較短的句子。

2009年的財報結果，反映出十五年來顧客服務改善的累積成效：增加選擇、加速到貨、減少成本結構以提供顧客越來越低的價格（原文32個字）。我們以低價、可靠的送貨與庫存量為榮，連知名度不高或很難買到的商品也是（原文20個字）。我們也知道我們可以做得更好，而且我們也致力於進一步改善（原文16個字）。[27]

7.建構平行結構

在上個例子中，貝佐斯使用一種稱為平行結構（parallel construction）的文法工具：使用相同的句型來傳達兩個或多個想法，賦予每個想法相同的重要性。

舉例來說，貝佐斯描述顧客服務改善時，並列使用

「增加」、「加速」、「減少」的字詞。在下一個句子中，貝佐斯寫道：「我們以低價、可靠的送貨與庫存量為榮，連知名度不高或很難買到的商品也是。」如果是非平行結構的句子會像這樣：「我們以亞馬遜的低價為榮，顧客購買的產品會可靠地送達，並且能在我們的庫存中找到大部分他們想要的產品。」平行結構會加強力量，並且減少用字。

平行結構能使句子更流暢。舉例來說，「我喜歡跑步、打高爾夫球和閱讀」這句話可寫成：I like running, golfing, and reading（皆為動名詞），或I like to run, to golf, and to read（皆為不定詞）。但如果是這樣：I like running, to play golf, and buying books to read（混合動名詞與不定詞），就不是平行結構。

平行結構的訊息讀起來令人滿足、聽起來令人愉悅。在許多情況下，相同的文本以閱讀或口說的方式表達，會有相同的效果。

貝佐斯在1997年的第一封致股東信中寫道：「我們將持續不懈地堅持顧客至上。[28]」（We will continue to focus relentlessly on our customers.）貝佐斯以條列式的方式繼續使用這個結構。

· **We will** continue to make investment decisions in light of long-term market leadership considerations rather than short-term profitability considerations or short-term Wall Street reactions.

我們的投資決策將持續根據成為長期市場領導者為考量，而不是以短期獲利能力或短期華爾街的反應為考量。

· **We will** continue to measure our programs and the effectiveness of our investments analytically...

我們將持續衡量我們的方案以及分析投資的效益……

· **We will** continue to learn from both our successes and our failures.

我們將持續從成功與失敗中學習。

· **We will** make bold rather than timid investment decisions...

我們將做大膽的而不是膽小的投資決定……

· **We will** share our strategic thought processes with you when we make bold choices...

當我們做大膽的選擇時，會和各位分享我們的策略思考過程……

· **We will** work hard to spend wisely and maintain our lean culture.

我們會努力謹慎地支出，並維持精實的文化。

· **We will** balance our focus on growth with emphasis on long-term profitability and capital management.

我們會在成長的焦點以及長期獲利能力和資本管理

之間取得平衡。

· **We will** continue to focus on hiring and retaining versatile and talented employees, and continue to weight their compensation to stock options rather than cash. 我們將持續僱用並留住多才多藝和有天分的員工，並持續以認股權為獎金而非現金。

訓練方法

　　我在本章中提供了簡單的寫作策略，能幫助你遙遙領先同儕。但是你總是可以向厲害的寫作專家學到一些東西，他們的書永遠在我的書架上占有一席之地。以下幾本書可以提升你的寫作技巧：

· 《寫作工具：適合每個寫作者的五十五個重要策略》（*Writing Tools: 55 Essential Strategies for Every Writer*），羅伊．彼得．克拉克著
· 《說服寫作》（*Writing to Persuade*），翠西．霍爾著
· 《非虛構寫作指南：從構思、下筆到寫出風格，橫跨兩世紀，影響百萬人的寫作聖經》（*On*

    Writing Well），威廉 · 金瑟著（中譯本：臉譜）

  · 《改善寫作的一百種方法》（*100 Ways to Improve Your Writing*），蓋瑞 · 普洛沃斯特著

  · 《史蒂芬 · 金談寫作》（*On Writing*），史蒂芬 · 金著（中譯本：商周）

　　請記住，在累積寫作、演說和簡報技巧時，學習是無止盡的。微軟執行長薩蒂亞 · 納德拉（Satya Nadella）說，你在商業界會遇到兩種人：一種人無所不知，一種人無所不學。無所不知的人在數位經濟中撐不了多久，因為數位世界裡的變化速度在人類歷史上前所未見。在這個環境中，無所不學的人才能大放異彩。不論一路上發生什麼改變，他們會適應、成長並且成功。學習寫作最棒的一點在於，雖然有很多東西要學，但是也有很多老師樂意引導我們。

4
大綱：
用一句話寫出你的遠大構想

亞馬遜的使命就是成為世界上最顧客至上的公司。

——貝佐斯

痛（Ouch）。

貝佐斯只用一個字來形容網路泡沫破滅，股市崩盤使五兆美元財富蒸發時的感覺。

2000年3月10日，追蹤科技類股的那斯達克指數創下5,132點的歷史高點。接下來發生的事令金融業、矽谷和數以百萬計的員工感到痛苦。投資人從1996年開始，挹注了大量資金到投機性的網路公司。沒有獲利？沒關係！就像所有狂熱一樣，這一次也會結束。到了4月時，也就是科技股觸頂一個月後，那斯達克指數跌了34%。到了2002年10月，指數已經跌了將近八成。

痛。

指數後來花了四年的時間，才重返2000年3月的水準。但是經通膨調整後，實際上是花了十七年才回到當時的水準。

痛。

光是矽谷就有20萬人失業。

痛。

亞馬遜股價從113美元跌到6美元。

的確很痛。

Ouch（痛）是我們在第2章中學到的古老短字。1800年代移民至賓州的日爾曼人把這個字帶來美國，是我們感到疼痛時會發出的聲音。如果你能找到任何字眼比「痛」更能形容網路泡沫破滅時的感覺，就用那個字眼，但是我想「痛」就表達得淋漓盡致了。

當然，貝佐斯的致股東信並不是只寫了這一個字，但他也沒拖很久才提到重點。貝佐斯在接下來的55個字裡寫了很多東西：

對資本市場與許多亞馬遜股東來說，這真是殘忍的一年。在我撰寫這封信時，我們的股價比我去年寫致股東信時重挫了80%。儘管如此，不論用什麼標準來評估，亞馬遜這間公司現在比過去任何時候都處於更有利的地位。[1]

想一想，貝佐斯在短短四句話之內說了些什麼。

- 他吸引亞馬遜股東的注意。
- 他告訴他們發生了什麼事。
- 他給他們希望。
- 他給他們很好的理由繼續持有公司股票。

貝佐斯對他的文字或演說內容的第一句話，下了很多功夫。**第一句話會吸引觀眾的注意，並為接下來的討論定調。**

詹姆士·派特森的「獨特優勢」

全球暢銷作家詹姆士·派特森（James Patterson）認為，不論是寫書、電子郵件或是簡報，第一句話寫得好能給你「獨特的優勢」。

在派特森寫過眾多的第一句話之中，《隱私》（*Private*）的開頭是他的最愛之一：不難理解我的記憶已模糊了，但我第一次死亡的時候是這樣的。

派特森笑著回憶說：「如果要我說的話，這第一句話其實滿酷的。」[2]

派特森說，是開場的第一句話讓他的書賣出超過三億本。他會反覆重寫第一頁——還有第一句話——直到他覺得足以吸引讀者為止。派特森說，開場第一句話不需要吸引讀者全心投入故事中，但如果讀者很快就對故事感興趣，他們就會繼續讀後面的部分。

亞馬遜的高階經理人發現，他們最好快一點讓老闆對某個想法感興趣。貝佐斯不喜歡浪費時間，如果他開會到一半失去興趣，就會斷然結束會議。

　　貝佐斯在早上10點召開最重要的會議，這時他的專注力和體力最好。就像許多執行長一樣，貝佐斯會保護他的時間，因為他一天做的重大決定，比一般專業人士一整年做的重大決定還要多。當貝佐斯在管理亞馬遜時，他不只是為每天出貨1,000萬個包裹的電子商務部門負責。貝佐斯的公司還為每天與你生活息息相關的應用程式和網站提供雲端服務——包括叫車平台Lyft、串流影音平台Netflix、Airbnb訂房、閱讀《華爾街郵報》、使用Zoom進行線上會議，以及在Slack上聊天。此外，他的公司也製作電影、開發人工智慧技術，而且還擁有超過四十間子公司，包括線上購鞋網站Zappos、全食超市，以及有聲書Audible。貝佐斯還成立了藍色起源（Blue Origin）進行太空探索。他真的很忙。

　　大部分執行長和高階經理人都認為時間是最稀少的資源。每天早上起床收到上千封電子郵件，而且行程已經排到六個月後，這種情況對執行長來說並不罕見。如果你不快點說重點，他們就不會再注意聽下去。

——

許多企業人士告訴我，他們在為忙碌的領導者準備資料時，所犯的錯就是準備太多資料。矽谷的先驅安迪‧葛洛夫（Andy Grove）為人所知的一件事，就是他會訓斥冗長的簡報者。就連像已故哈佛教授和創新大師克萊頓‧克里斯坦森（Clay Christensen）這樣的外人，也得習慣葛洛夫聲名遠播的急性子。他在《哈佛商業評論》撰寫的一篇知名的文章〈你要如何衡量你的人生〉中，回憶他第一次與葛洛夫的會面。

　　葛洛夫讀過克里斯坦森一篇有關破壞式科技的文章，於是便邀請這位教授前往位於加州聖塔克雷拉的英特爾（Intel）總部，討論他的研究所隱含的意義。克里斯坦森熱切地飛到美國的另一端分享他的發現。

　　葛洛夫在會面一開始就說：「聽著，發生了一些事，我們只有十分鐘可以聽你說。告訴我們你的破壞式模型對英特爾的意義。」[3]

　　克里斯坦森說：「我沒辦法。我需要整整三十分鐘來解釋這個模型。」

　　葛洛夫讓他開始說，但過了十分鐘後就打斷他並說：「聽著，我知道你的模型。只要告訴我這對英特爾的意義就好。」

　　克里斯坦森勉強再說了幾分鐘。「好，我懂了。這對英特爾的意義是……」然後葛洛夫言簡意賅地說明克里斯坦森的模型，可以如何幫助英特爾稱霸微處理器市場。

　　克里斯坦森必須爭取每一分鐘說話的時間，你可不會

想要面臨這種情況。事實是，執行長、老闆、經理、客戶、投資人和股東通常都沒什麼耐心。就算他們不會聽了十分鐘就打斷你，但是可以肯定的是他們不會專心聽你說話超過十分鐘。他們會問自己一個問題，很類似葛洛夫對克里斯坦森提出的尖銳問題：**這對我的意義是什麼？**

———

你的下屬也面對越來越多的工作量，以及更複雜而令人分心的事。研究顯示，雖然自1800年代以來，人類能集中注意力的時間維持不變，但是想吸引我們注意的東西卻呈指數性地爆增。人類的大腦很容易覺得無聊。我們總是在尋找除了當下所做的事之外是否有別的事可做，社群媒體公司就是利用這個心理學事實，吸引我們留在他們的平台上。

此外，我們無時無刻面對數位雜訊的轟炸，使得我們越來越難專注於任何單一的訊息。一年365天，每一分鐘都有多達500小時的影片上傳至YouTube。在60秒內，傳訊軟體WhatsApp傳送了4,200萬則訊息、視訊會議軟體Zoom舉行了20萬8千場會議、推特使用者發布了35萬則推文、人們寄出1億8千8百萬封電子郵件，以及有2萬5千場使用PowerPoint的簡報，平均每張投影片有40個字。

資料從不睡覺，但你的觀眾會睡著。他們沒那麼多腦容量可以處理每一天、每一分鐘洶湧而來的資訊海嘯。研

究人員說，當內容量持續增加，我們的注意力會越來越碎片化。這是因為我們會求新求變，不斷在找「新的東西」；而且現在我們每一秒鐘都可以輕易取得新的東西。

因此，**吸引別人注意的祕訣並不是排除雜訊，而是增強訊號。**

過去三十年來，認知心理學家針對人們如何學習新的概念，已經做出了很有趣的結論。舉例來說，針對教學效率佳的老師所做的研究發現，最好的老師會按照重點來組織訊息。如果想以層級結構來製作內容，那麼備忘錄或簡報就要以遠大的構想來開場，然後用細節支持你的構想。

拙作《跟TED學表達，讓世界記住你》是以全世界最厲害的演說者為主題，我在撰寫這本書時訪談了許多位TED演說影片被瘋傳的專家。幾乎所有人在接到TED演說邀請時，都會問自己類似的問題：「我要如何把畢生所學濃縮在十八分鐘裡講完？」簡短的答案是：沒辦法。

傑出的TED演說者會選擇一個可以輕易理解的遠大構想。簡短並不是把大量的資訊濃縮在一小段時間內。簡短是指，**以一個遠大構想為起點，謹慎選擇你要說的故事、舉例和資料，來支持你的遠大構想。**

下次你聽到有人叫你「講重點」時，他們真正想要的是看到大局。這聽起來很簡單——講重點就對了。但是你也知道，維持簡單是件困難的事。因此，讓我們求助於專業的溝通者，他們為你帶來你喜歡看的故事。

大綱──一言以蔽之

這是借用並修改自好萊塢編劇所使用的大綱概念。當編劇拿一個劇本向電影公司提案時,他們去開會前要先準備好大綱,就是用一句話,以精簡而且引人入勝的方式來回答這個問題:我的故事是什麼?一個成功的大綱約有25到30個英文字,可以在15秒以內說完。

現在的編劇會將劇本上傳至雲端保存,而在過去,劇本會被列印出來並保存在庫房裡。在那個年代,電影公司的高階經理人會在劇本的書背(編劇界使用的字為log)上寫下電影的名稱,並用一句話來描述電影的內容。時至今日,大綱(logline)則是寫在電子郵件中,或是在提案會議上提出來。

請看看以下這些大綱,然後猜猜看這是哪些電影:

一個年輕人被傳送到過去,他必須讓父母重新在一起,否則他和他的未來將就此消失。

一位樂觀的農家少年發現自己擁有能力,於是他和其他反抗者一起從帝國的邪惡勢力手中解救銀河。

兩位命運多舛的情人在鐵達尼號的處女航時陷入熱戀,當這艘船註定沉沒至大西洋底時,他們必須設法活下來。

當兒子在大海中走失，一條焦慮的小丑魚必須展開危險的旅程，穿過驚濤駭浪找回兒子。

你可能已猜出每一部電影，但是我還是要提供解答，這些電影是：《回到未來》、《星際大戰》、《鐵達尼號》和《海底總動員》。

《實習醫生》的製作人珊達·萊梅斯（Shonda Rhimes）說：「當你進入會議室，提案就是你所能做最重要的事⋯⋯如果你不擅長提案，那就會是個很大的挑戰。你得學會該怎麼做得好才行。」[4]

好萊塢電影公司的高階經理人，每個星期都要出席幾十場電影提案。如果編劇無法讓他們上鉤——盡快吸引他們的注意——提案可能就會失敗。萊梅斯說：「好的提案幾乎是立即就能激起聽眾的想像力。」

打造能吸引人的一句大綱，關鍵就是參考貝佐斯的致股東信——顧客至上。編劇的顧客（觀眾）就是製作人、導演或電影公司高階經理人。他們在聽提案時也在想：我要如何行銷這部片？

萊梅斯在為《實習醫生》提案時，她稱之為「慾望手術室」，她拿當時熱門的節目《慾望城市》來比擬，這可以當成一個行銷賣點。她說大綱就像行銷工具，因為能給製作公司高階經理人一個清晰、簡短的概念，知道他們可以如何行銷節目。萊梅斯知道若想要進行這部劇，必須先讓製作公司接受才行。所以她在寫提案內容時心裡想的是

觀眾。

　　一句清楚、簡短的大綱未必能讓提案獲得青睞，但是若沒有這樣的大綱，提案必定不會成功。成功的大綱會誘使製作公司的主管堅持聽完整個故事。

———

　　吉米・唐納森（Jimmy Donaldson）不賣電影，他創作內容。唐納森的YouTube頻道MrBeast吸引的點閱次數比《歡樂單身派對》或是《六人行》的季終集觀眾人數還要多。MrBeast吸引逾1億人訂閱。

　　唐納森在13歲時首次上傳影片，第一年只吸引了40個人訂閱。經過幾年的嘗試與犯錯，以及仔細研究YouTube推薦影片的演算法，唐納森在2017年時影片被瘋傳。有一天他覺得無聊，然後錄下自己從1數到10萬的影片。唐納森花了44個小時數到10萬，完整影片現在還在YouTube上，如果你有很多閒時間要打發的話可以看一看。《赫芬頓郵報》刊登一篇文章介紹這件事，文章的標題是〈看這個人毫無理由地從1數到10萬〉。

　　雖然唐納森的影片現在短得多，但在贊助商品的幫助下，他的噱頭也變得更複雜。例如他在一段標題為〈我送第4千萬位訂閱者40輛車〉的影片中，送了一個誇張的大禮給一位訂閱者。

　　根據唐納森的合作顧問達洛・伊夫斯（Derral Eves）的

説法，簡單的故事線，使MrBeast成為最快速成長的YouTube頻道之一。伊夫斯説：「如果MrBeast無法用一句話解釋影片的概念，他就會覺得過於複雜，然後棄用。大部分YouTube創作者都忽略或過於小看這個創作內容的技巧，但除了內容本身之外，這正是令厲害的創作者脱穎而出的主因。」[5]

以下的一行標題合計吸引數億觀看人次，而最長的標題只有44個字母。

我給人100萬，但要在1小時內花掉
我開了一間餐廳，付錢請人用餐
我開了一間免費的汽車經銷商

唐納森在影片中説的第一句話，和他標題的用字完全一樣，而且還會在畫面上出現大字體。他用一句話就讓觀眾知道會看到什麼。唐納森每星期的影片點閱次數，比美式足球超級盃的觀眾還要多。他是從大綱、從遠大構想開始的。

———

有吸引力的大綱也能吸引矽谷的投資人，全世界主要的創投公司都在這裡。我見過的創投家投資過諸如亞馬遜、蘋果、Airbnb、谷歌、PayPal、推特、YouTube等許多

其他公司。我也和新創公司的執行長與創業者合作，為他們準備首次公開發行新股的説明會，這是一系列經營團隊向潛在投資人介紹自家公司的演講。

投資人就像好萊塢的電影製作人；他們要先知道大局，然後才會投入細節。簡而言之，就是電影的內容是什麼？以下是幾個真實的創投提案大綱。

· Google organizes the world's information and makes it universally accessible.
谷歌組織全世界的資訊，並讓所有人都能取得。（10個英文字）

· Coursera provides universal access to world-class learning so that anyone, anywhere has the power to transform their life through learning.
Coursera提供所有人世界一流的學習機會，讓任何人隨時隨地都能透過學習改變人生。（20個英文字）

· Airbnb is a web platform where users can rent out their space. Travelers save money, hosts make money, and both share their cultures.
Airbnb是個網路平台，使用者可以出租他們的空間。旅行者可以省錢、房東可以賺錢，且雙方都可以分享自己的文化。（23個字）

· Canva is an online design tool with a mission to empower everyone in the world to design anything and publish anywhere.

Canva線上設計工具的使命是要讓世界上所有人都能設計任何東西，在任何地方都能發表。（21個英文字）

・Amazon is Earth's most customer-centric company.

亞馬遜是世界上最顧客至上的公司。（6個英文字）

絕對不要犯了沒有大綱就去提案構想或做簡報的錯。富比士全球億萬富豪榜上有一位投資人曾告訴我一句話，並要我和讀者分享：「如果創業者無法用一句話表達自己的想法，我就沒有興趣，就這樣。」

當你寫出大綱，也就是你想讓觀眾知道的一個遠大構想後，接下來的問題就是該從哪裡介紹這個構想。美國軍方花了很多心力在研究這個問題的答案。他們的解決之道被當成溝通技巧，傳授給各軍事部門，在亞馬遜也是。

先說重點

9月的某一天，亞歷桑納州尤瑪市沙漠的氣溫高達華氏114度，我和大約一百位美國陸戰隊飛行員會面，他們就相當於電影《捍衛戰士》中的海軍戰鬥機飛行員。

這些飛行員是美國陸戰隊裡最佳的飛行員，正在參加為期七週、被認為是世界上最完整的飛行員課程。在武器與戰術指導課程期間，這些飛行員要學習進階技術與領導

技巧。你可能會很訝異，口語和寫作溝通竟然被認為是重要的作戰技巧。當然，切中要點、容易理解的溝通，也是任何仰賴專業能力協調，以迅速靈活回應任何挑戰的企業，所必須具備的能力。

美國各個軍種的領導者必須學習的溝通策略，是所有創業者、商業人士以及想要成為任何領域領導者的人都需要的能力。這稱為「**指揮官的意圖**」（Commander's Intent）。

指揮官的意圖是定義任務指揮官對成功結果的願景的陳述，必須清楚、簡潔而且容易理解。這是任務的大局，是大綱。指揮官的意圖應該要容易辨識。首先，它必須要回答五個問題：人、事、時、地和原因。第二，簡報的開頭與結尾必須互相呼應。第三，開頭必須是：「我們一定要達成的首要目標就是……」。

根據軍方溝通指導者的說法，**指揮官的意圖就像是一個目標宣言，要清楚和簡潔地表達大局**。一本訓練手冊寫道：「冗長、敍述性的描述會讓下屬沒有動力。」換句話說，執行任務的人需要一句簡短、清楚的陳述，以了解他們的任務目標。簡短就會清楚，清楚就能激勵。

指揮官的意圖不是一個條列式清單，而是文字和口語的敍述，有主詞和動詞的句子。舉例來說：「我們的任務是摧毀敵軍的雷達設備，以防止敵軍及早偵測出聯軍後續的空襲。」這句話是主動語氣，而且沒有使用模糊不清的用詞，像是「我們要猛烈攻擊。」

在戰役打得如火如荼時，比起冗長地宣布內容，精簡而明確的陳述能更快透過無線電傳達。這樣可使命令更可能精確地在人與人之間傳遞，而且在極端的壓力下，部屬更容易記住命令的內容。

當戰鬥機飛行員以時速七百英哩在山區飛行時，他們沒有時間去讀或是回想完成任務必須知道的一大堆細節。在他們投入作戰時，他們已經有多年的經驗，而且已經花了數千小時上課、進行飛行模擬和任務訓練了。他們知道該怎麼做。但是如果他們不知道應該做什麼或為什麼要做，那麼就算知道該怎麼做某件事也沒有用。

你可以把自己想像成指揮官。你的任務是告知並激勵許多觀眾，包括顧客、老闆或是僱用的團隊經理、投資人和員工。你要用一句話告訴他們，你的電影在演什麼。

由於指揮官的意圖是領導者在該採取行動時所要溝通的最重要的一句話，所以領導者應該在簡報一開始時就說出來。這就是為什麼軍事領導者要遵循一個精確且強而有力的溝通技巧，稱為「**先說重點**」（bottom line up front，BLUF）。

雖然BLUF一開始是美國陸軍傳授的寫作技巧，但現在美國所有軍種都會教授這個技巧。雖然陸軍可以宣稱是他們提出BLUF，但最先發現需要這麼做的人並非陸軍。第二次大戰時，英國首相邱吉爾寫過一篇知名的備忘錄，標題為《簡短》，他主張在冗長的文件中要凸顯出重點。邱吉爾說，大部分的文件都浪費時間和精力，因為他們都把重

點藏在內文中。

———

亞馬遜的每個細節都可以看出他們會盡早說出重點，這在寫作課程中稱為BLOT（bottom line on top）。

先說重點的意思很清楚：這是你的聽眾或讀者需要知道的最重要的一件事。即使他們就只知道重點，他們也能夠明白大局是什麼。這應該是你的讀者在電子郵件中最先看到，或是在簡報時最先聽到的東西。

亞馬遜人以粗體字把重點寫在電子郵件的最前面。以一兩句話告訴讀者，為什麼他們要讀這封電子郵件，以及為什麼應該在乎信中的其他資訊。舉例來說，賈西成為亞馬遜第二任執行長時，在他宣布第一個重要政策時，他在2021年底寄了一封備忘錄給亞馬遜的員工，說明隨著新冠疫情減輕，公司對於返回公司上班規定的想法。

那封電子郵件的主旨寫著：「工作地點的最新指導方針」。

郵件開頭寫著：「親愛的亞馬遜人：我想告訴各位有關我們對於工作地點的想法」。一句話再加上主旨，就讓電子郵件的主題說得很清楚。

然後賈西解釋道，經營團隊舉辦了多次會議，討論返回辦公室的挑戰與不確定性。他們都同意「三件事」，他寫道：

首先，我們沒有人知道這些問題明確的答案，尤其是長期的答案。第二，在這麼大的公司中，沒有一體適用的辦法讓所有部門都達到最佳效率。第三，隨著疫情結束，我們將有一段時間要試驗、學習並調整。

賈西解釋道，對於那些在公司工作的人來說，每週要到辦公室上班幾天將由各部門主管決定。他還說，這些決定應遵守亞馬遜的領導管理原則——也就是說「對我們的顧客最好的方式」。

這裡有一句未明言的規則是你在商學院學不到的：**用能節省時間和精力的溝通方式，先講重點，比較有可能贏得老闆或團隊成員的支持**。研究顯示，不論是電子郵件、文件或文章，你有十五秒的時間可以抓住讀者的注意力。約45%的讀者會在十五秒後失去興趣或完全放棄。但如果你能在十五秒內（約35個英文字）吸引並留住他們的注意力，他們就比較可能留下來看完全部的內容。

亞馬遜式的精準

如果你也想採取軍事風格或亞馬遜式的精準寫作風格，你的遠大構想必須清楚、精簡且明確。

清楚

亞馬遜非常重視清楚的溝通。亞馬遜鼓勵員工按照這

些指南來進行口語或文字溝通：

- 使用主動語氣，說清楚是誰在做什麼。
- 避免使用術語。
- 盡量使用費雷許-金凱評量八年級以下程度的溝通方式。
- 確定你的想法能通過「那又怎樣？」的考驗。

我們已談過前三個溝通訣竅，現在我們就來深入看看**「那又怎樣？」**的考驗。我曾用這個方法，幫助企業執行長與高階經理人找出重大宣布事項和簡報的大綱。使用方法如下。

第一，儘管你知道許多其他人不知道的細節，但要接受當局者迷的事實。第二，當你開始寫出你要說的話時，先問自己：「那又怎樣？」問自己這個問題三次。你會發現每一次回答都會更接近核心——你的受眾想知道的最重要的事。

我看過這個方式在許多公司都很有用，不只是亞馬遜，蘋果也會用這個方法。我們來看看蘋果公司假想會議的幕後情況，在這個情境中，行銷人員和高階經理人要為一個產品的推出進行腦力激盪——那個產品就是M1晶片。

我們要宣布什麼？
M1是蘋果第一個晶片，專為Mac電腦所設計。

那又怎樣？

這是蘋果第一個單晶片系統（system on a chip，SOC）。

那又怎樣？

這個晶片有160億個電晶體，是世界上最快的CPU核心。

那又怎樣？

M1晶片是Mac電腦的一大邁進，提供更多的能量、更快的效能、更長的電池壽命。

最後一句是執行長提姆·庫克（Tim Cook）和其他高階經理人在發表首次使用Apple silicon的MacBook時，實際說的話。

在撰寫產品發表簡報的初期，他們都在進行像這樣的對話。會議室裡的多位專家已經開發產品很多個月或很多年了——他們雖然聰明，卻落入了知識的詛咒。也就是說，他們太過了解自己的產品，而深陷其中。就像大部分買車的人不在乎汽車引擎蓋下的東西，大部分買電腦的人也不會去想賦予系統動力的晶片。溝通細節很重要，但細節不是大綱。大綱才能傳達大局。

訓練方法

對你的簡報進行「那又怎樣?」的考驗。先從你要說的主題開始,然後回答這個問題:「那又怎樣?」再問這個問題兩次,直到你為提案或簡報寫出一句清楚的大綱。

主題:

_____

那又怎樣?

_____

那又怎樣?

_____

那又怎樣?

_____

精簡

亞馬遜式的溝通,意味著不論是寫備忘錄、文件或電子郵件時,都要易讀、易懂。亞馬遜教員工把句子維持在20個英文字以內,這表示寫作者必須刪除非必要的字。

凡妮莎・蓋洛(Vanessa Gallo)是我的公司蓋洛溝通集

團（Gallo Communications Group）的共同經營者。凡妮莎有發展心理學的背景，她運用自己的經歷來協助企業高階經理人說話和舉止都表現得更堅定、有信心。她會分析他們簡報的語法內容，然後刪除冗贅的字。**就像雕刻家除去多餘的石頭打造出傑作一樣，刪掉贅字就能呈現你訊息中的力量**。以下這個範例說明凡妮莎如何精簡訊息內容。原本的內容是一位高階軍事指導員一開始要對學員說的話。凡妮莎為他修改內容，刪除非必要的字、直陳重點，並提供清晰的內容：

原始版本：「你們很多人來上課是因為這是必修課，但如果你們花時間只是坐在教室裡，這將是一個很長的課，是的，這就是我們在夏天要做的事情。但如果你們花時間坐在教室裡並認真上課，就是在幫自己、幫大腦、幫未來的自己一個大忙。」（62個英文字）

修改後的版本：「你們很多人來上課是因為這是必修課。但如果你們花時間坐在教室裡並認真上課，就是在幫自己、幫大腦、幫未來的自己一個大忙。」（32個英文字）

貝佐斯以身作則，將他的訊息寫得很短而且切中要點。請參考下表中的三句話。在第一欄中，你會看到貝佐斯寫的話。在第二欄中，凡妮莎和我寫了一段較冗長的版本。當然，第二欄是「不好的」範例，但我們經常會聽到許多企業溝通者這麼說。

表4.1　精簡的話vs.冗長的話

致股東信	貝佐斯精簡的話	冗長的話
2018年	Third-party sellers are kicking our first-party butt. Badly. 第三方賣家的生意比我們還要好得多。好太多了。[6] （8個英文字；全是一或兩個音節）	An interesting point to note—third-party sellers in our industry are outperforming us as first-party sellers by a noticeable margin, so much so that there is a substantial difference. 有件很有意思的事值得注意——我們產業的第三方賣家的業績比我們的業績還要好得多，以致於產生了顯著的差異。 （29個英文字；其中6個字有三到四個音節）
2007年	I'll highlight a few of the useful features we built into Kindle that go beyond what you could ever do with a physical book. 我會強調幾個好用的Kindle功能，它們超越紙本書的能耐。[7] （24個英文字；大部分為一或兩個音節）	During this next part of the presentation, I would like to review some of the dynamic features of the Kindle, a device we recently released with the intent to maximize this market that can execute more tasks than would be possible to execute reading physical books. 簡報的下個部分，我想要檢視Kindle的一些動態功能，我們最近推出這個裝置將市場擴展至最大，而具備的功能比閱讀紙本書所能執行的還要多。 （46個英文字；7個多音節字）
2005年	This year, Amazon became the fastest company ever to reach $100 billion in annual sales. 今年亞馬遜成為最快創下1,000億美元年營業額的公司。[8] （15個字）	Before I review the year and get into the details, I guess I should mention that Amazon reached $100 billion in annual sales. What's really impressive about that accomplishment is that we reached that number at a faster pace than any other company has been able to achieve." (48 words 在我回顧這一年並詳細說明前，我想我應該要提一下，亞馬遜達到全年營業額1,000億美元。這個成就最厲害之處在於，我們比任何公司都還要快達到這個目標。 （48個字）

明確

在寫作課程中，亞馬遜的員工學到避免模糊的用語，在亞馬遜稱為「含糊其辭」。

不要說「幾乎所有顧客」，要明確說：「87%的Prime使用者」。不要說「好得多」，要明確說：「增加25個基點」。不要說「不久前」，要明確說：「三個月前」。

接著，讓我們一起前往亞馬遜的新聞發布室，學習如何明確表達。亞馬遜宣布事項的大綱（第一句話）通常包括精確的資訊，包括指標和數據、地點和目標受眾。以下是幾個範例（明確的用語以粗體表示）：

- Amazon expands its Boston tech hub with plans to create **3,000 new jobs** to **support Alexa, AWS, and Amazon Pharmacy**.

  亞馬遜正在擴大波士頓的科技中心，目標是創造**3,000個新工作**以**支援語音助理Alexa、亞馬遜網路服務以及亞馬遜藥局**。

- Amazon Launches **$2 Billion** Housing Equity Fund to Make Over **20,000 Affordable Homes** Available for Families in Communities It Calls Home.

  亞馬遜推出**20億美元**的住房基金（Housing Equity Fund），為亞馬遜所在社區的家庭提供**2萬間平價房屋**。

- Amazon's new **one-million-square-foot** fulfillment

center in **Oklahoma City** will create **500 jobs**.

亞馬遜在奧克拉荷馬市全新的**100萬平方英呎**的訂單處理中心，將創造**500個就業機會**。

· Amazon customers can now purchase **prescription medications** through the Amazon online store without leaving home. **Amazon Prime members** receive **free two-day delivery** and up to **80% savings** when paying without insurance, with new prescription savings benefit.

亞馬遜的顧客現在可以透過亞馬遜線上商店，不必出門也能購買處方箋藥物。**Amazon Prime**的會員可以獲得**免費的兩日到貨服務**，並享有新的處方箋優惠，就算沒有醫療險也可以節省超過**80%**。

· Amazon is hiring **75,000 Employees** across Fulfillment and Transportation, with average starting pay of over **$17 Per Hour** and sign-on bonuses of up to **$1,000**.

亞馬遜在訂單處理與運送部門僱用**75,000名員工**，平均起薪為**每小時17美元**，簽約金高達**1,000美元**。

貝佐斯的逆向工作法

2021年2月2日，超過100萬名亞馬遜人收到老闆寄來的電子郵件備忘錄。貝佐斯用22個字宣布他成立公司以來，採取過最有意義的行動。他開頭是這樣寫的：「各位亞馬遜人」：

我很高興地宣布，今年第三季我將轉任執行董事，而安迪·賈西將接任執行長。[9]

　　讀者光是從第一句就知道這封電子郵件要講什麼。貝佐斯是倒過來寫訊息的：他的開場是最重要的話——大綱——接著是交接的細節。這些細節說明了他為什麼要做這樣的改變、接下來要做什麼，以及他二十七年前成立的公司如何改變世界。

　　貝佐斯的電子郵件提供一個清楚、精簡而且明確的寫作範例，如下表所示。

表4.2　貝佐斯電子郵件的語言分析

數字	
單字數	620
字元數	2,959
段落數	12
句子數	47
平均	
每一段的句子數	4.7
每一句的字數	13.1
每個字的字元數	4.6
可讀性	
費雷許易讀性	62.4
費雷許-金凱評量	7.8
被動句	6.3%

　　清楚：貝佐斯寄出的電子郵件的開頭是一句大綱，說明整體樣貌。就算你只看了第一句就不再看下去，也能大

致知道內容在說什麼。整封電子郵件是費雷許-金凱評量七、八年級的程度。郵件大部分的內容（94%）是主動語氣，我們在第三章中說過，主動語氣可以清楚知道是誰做了什麼。

精簡：這封620個字的電子郵件可以在兩分鐘內讀完。用很短的時間就把亞馬遜二十七年的歷史和公司接下來的走向說完。

明確：大綱提供三個明確的點。貝佐斯會成為執行董事；安迪‧賈西會接任執行長；將在第三季交接。接下來是細節：

- 在擔任執行董事時，我的重心與注意力將放在新的產品與初期規劃。
- 我們現在僱用多達130萬名才華洋溢、專注的員工。
- 創新是我們成功的根源。我們率先採用顧客評價、一鍵購買、個人化推薦、Prime的超快到貨、無人商店技術Just Walk Out、氣候承諾Climate Pledge、電子書Kindle、智慧語音助理Alexa、電商平台、雲端運算基礎建設、職涯選擇Career Choice，還有很多很多。

那麼貝佐斯接下來到底要做什麼？貝佐斯要把重心放在哪裡？他在大綱中用一句話解釋，而記者布萊德‧史東在翻找垃圾筒時發現了。

史東於2003年任職於美國《新聞週刊》，他以土法煉鋼的方法調查貝佐斯當時新的太空科技公司有什麼打算。史東在網路上發現一個「藍色行動有限責任公司」（Blue Operations LLC），這間公司登記的地址就是亞馬遜西雅圖總部的地址。他也發現有個網站在徵求太空工程師。

史東決心要成為第一個報導這則消息的人，他驅車前往文件上西雅圖南方的一個工業區。他發現一個占地5萬3千平方英呎的倉庫，門上印著「藍色起源」。

那是個週末夜晚。史東從窗外什麼也看不到。最後，在車裡等了一個小時後，他決定下車走到對面的垃圾筒，盡可能把裡面的東西搬到後車箱裡。史東在翻找垃圾時發現了一張沾有咖啡漬的紙張，上面寫著貝佐斯對藍色起源的第一個使命：

創造人類在太空中的永久足跡。

就算你有世界上最棒的構想，但如果你無法用一個清楚、精簡且明確的句子來表達，就不會有人理你。

5

令人難忘的譬喻

我將公司取名為亞馬遜，
因為這是世界上最大的河流，有最多的選擇。

—— 貝佐斯

　　貝佐斯經營亞馬遜總共9,863天，但他每天上班都像
「第一天」工作一樣。

　　「第一天」是個譬喻（metaphor），代表新創公司的
心態。當亞馬遜推出線上書店的時候，公司的員工只有約
10人。二十七年後，貝佐斯卸下亞馬遜的日常業務管理工
作時，公司已成長到有160萬名員工。但是貝佐斯說，「第
一天」心態的領導者永遠會提醒人們，思考和行動都要像
在新創公司工作一樣，尋找學習、成長、創新和創造的機
會。

　　「第一天」的譬喻首次出現在1997年，亞馬遜成為上
市公司後的第一封致股東信中，貝佐斯說：「這是網際網
路的第一天。」[1]他提醒想要知道亞馬遜何時會開始獲利的

股東，雖然電子商務成長快速，但是線上購物仍在初期階段。真正的改變還沒有到來。

「第一天」這個詞不斷出現在貝佐斯每年的致股東信中。貝佐斯在二十一封信中就寫了二十五次。2009年時，貝佐斯每封信的結尾都是這句話：「這還是第一天。」他從2016年到2020年時改了一個字：「這仍是第一天。」2019年的致股東信於2020年4月公布，那時新冠疫情剛爆發不久。貝佐斯在對股東和員工的信中寫道：「即使在這樣的環境下，這仍是第一天」。

貝佐斯如此一致地提到「第一天」，**把這個譬喻從一個修辭轉變為思考和行動的藍圖**。一直到今天，「第一天」的譬喻已和亞馬遜整間公司融合在一起，言簡意賅地解釋欣然接受冒險、速度、好奇、實驗、失敗和持續學習的心態。貝佐斯將他在西雅圖工作的大樓取名為「第一天北方」（Day 1 North）。這個銘牌至今仍掛在大廳裡迎接著訪客。貝佐斯寫的字刻在銘牌上：「還有好多東西尚未被發明出來。還有好多新的事物即將發生。」

貝佐斯在2016年一場全員會議上回答了一個問題。有員工想要知道：第二天會是什麼樣子？

貝佐斯回應：「第二天是停滯，繼而變得無關緊要，接著是緩慢而痛苦的衰退。」[2]

「第一天」這個譬喻的觸角延伸超越了亞馬遜，已經在商學院中被當成管理哲學來教導。網路上有一個熱門搜尋用語「第一天公司是什麼？」實際上並沒有所謂的「第

一天公司」，這是一種心態。**這個抽象的概念就像任何好的譬喻一樣，用最簡短的方式來傳遞知識。**

在本章中，你將學到有關譬喻的神經科學，以及為什麼在說服觀眾時，使用譬喻非常重要。我將帶你認識譬喻這個說服工具的簡史，並解釋為什麼1980年是個分水嶺，從此之後我們已不再認為譬喻只是一種比喻而已。你將學到為什麼貝佐斯刻意選擇這些譬喻，你也會知道哪些企業溝通者仰賴譬喻，將抽象的概念轉變為行動的想法。最後，你將學到幾個簡單的步驟來幫你找到對的譬喻，讓你的想法有如「天使的歌聲般清晰」。

讓沒有生命的東西活起來

我們先從基本開始。譬喻是什麼？譬喻是兩個不相關的事物之間的比較。這個標準定義很無聊。德州大學法學院院長沃德‧法恩斯渥（Ward Farnsworth）寫過三本有關經典文本寫作的書，他對譬喻的描述就有趣多了，我比較喜歡他的說法。法恩斯渥認為：

譬喻能讓不熟悉的事變得熟悉、不明顯的事變得明顯，並且讓複雜的事變得容易理解。正如亞里斯多德（Aristotle）所說，譬喻能為無生命的事物賦予生命。譬喻將事物與非預期的東西並陳，讓人覺得有趣。原本讓人覺得無聊的事物，透過比喻可讓人更有感覺。透過比喻之

美，讓一個重點變得饒富興味且難以忘記。因為出乎意料而引人注意。而且能以精簡的方式，用一句話或一個字就能喚起大量的畫面。[3]

譬喻無所不在。不論你是否發覺，但你經常在使用譬喻。你被文件淹沒了嗎？如果是，你就是沉浸在譬喻中。你的朋友是珍寶、耀眼的星晨、有黃金般的好心腸？（譯註：黃金般的好心腸〔heart of gold〕出自莎士比亞的劇作《亨利五世》。以珍貴的純金象徵善良的心。）如果是，你就不只是涉入譬喻的池水中，而是悠游其中。

———

每年的2月14年，全美國各地的人耗資數10億美元慶祝一個歷久彌新的譬喻：玫瑰。在這一天，花商銷售2億5千萬朵玫瑰；而最受歡迎的玫瑰是象徵愛情的紅玫瑰。

紅玫瑰的傳說可追溯到希臘神話的愛神愛芙蘿黛蒂（Aphrodite）。據說她和紅玫瑰一樣美麗。此後騷人墨客便使用玫瑰來表達愛情。當莎士比亞筆下的茱麗葉說：「玫瑰就算換了一個名字也一樣芬芳」，她是在承認自己對羅密歐的愛，儘管他們的家族是世仇。羅密歐的譬喻也不在話下，他說「茱麗葉是太陽」，因為她的美貌光芒四射，為黑暗帶來光明。真是深奧的比喻。

許多詞曲創作者因為運用譬喻而獲得巨星地位。布雷

特‧麥克斯（Bret Michaels）因為很難抗拒玫瑰這個主題，而寫下了「每朵玫瑰都帶刺」。玫瑰象徵著他的事業起飛，而上面的刺則是他的成功對人際關係造成的傷害。當葛斯‧布魯克斯（Garth Brooks）唱著《舞》（*The Dance*）時，他說的不是納許維爾市音樂酒吧的排舞。這首歌的「舞」是個譬喻，暗指失去你親近的人。如果你從沒遇過對方，就算失去了也不會感到痛苦，但你也會錯過許多快樂的時光。

寫過多首歌的布魯克斯說，他收到的歌迷來信中，《河流》（*The River*）是最常被提到的一首歌。當他唱著他駕著船「直到河流乾枯」，並不是說他是船長，而是一名時運不濟的歌手，夢想著在鄉村音樂界中闖出名號。夢想就像一條河，而他這個夢想家就是那艘船，隨著河流帶著他前進。「別坐在岸邊……選擇冒險的激流、大膽與潮水共舞。」

吉米‧巴菲特（Jimmy Buffett）寫出流行樂最受歡迎的譬喻。當他唱出《瑪格麗特鎮》（*Margaritaville*）時，他心裡想的不是一個地方。那是一種心態，是人生哲學的頌歌。當這首歌大受歡迎後，「瑪格麗特鎮」就變成真實的地方了，而且有好幾個。以「瑪格麗特鎮」為名的酒吧、餐廳和產品，讓吉米‧巴菲特的身價高達5億美元。

譬喻雖然無法讓你和貝佐斯或吉米‧巴菲特一樣富裕，但如果你能利用語言為受眾創造一種心態──也就是一種感覺──就能讓你的人生和事業變得更豐足。

譬喻無所不在。我們在寫作、唱歌,甚至是思考時都會用到譬喻。喬治‧雷可夫(George Lakoff)與馬克‧詹森(Mark Johnson)的著作《我們賴以生存的譬喻》(*Metaphors We Live By*)使認知科學領域所做的譬喻研究,在1980年時大受歡迎。大部分的人都認為譬喻是一種文學上的手法,只限於撰寫詩歌和演講詞。但這兩位作者認為譬喻其實更普遍,他們寫道:「我們思考的方式、我們的體驗以及我們每天做的事,其實都是在譬喻。」[4]

雷可夫和詹森使「概念譬喻理論」(conceptual metaphor theory,CMT)[5]的觀念變得普及。它的意思是,我們的大腦理解世界的方式是把一個領域「對映到」("mapping")另一個領域。這個發現引導出基本的譬喻規則:必須有一個來源領域和一個目標領域。**目標是你想表達的抽象概念;來源則是你用來比較的具體事物**。來源領域能讓我們了解抽象的目標,並且用幾個字就能傳達很多資訊。來源領域通常分為幾個類別:動作、地理位置或空間方向。

舉例來說,「人生」這個概念非常抽象,我們必須以更具體的東西來理解它。

‧ 我們可以用動作來做比喻:我正在快速前進,從現在起會一帆風順。

・我們可以用地理位置來做比喻：我正處在十字路口。

・我們可以用空間方向來做比喻：我的人生正在攀向高峰。

訓練方法

在你的專長或領域以外的地方尋找比喻的事物。看看你能在書、文章、演講和簡報中找到多少譬喻。挑戰一下，看看這些譬喻是屬於動作、位置還是方向的類別。**隨時留心你所看到、聽到和讀到的譬喻，可以激起創意的想法，幫助你寫出和做出有說服力的簡報。**

如果不使用適當的譬喻，就幾乎無法描述一種感覺、一個抽象的原則或一個複雜的概念。藝術史學家尼爾森・古德曼（Nelson Goodman）說：「譬喻深入所有的言論中，包括一般和特殊的談話……不斷地使用譬喻不只是因為我們喜愛帶有文學色彩的東西，也是因為我們極需要精簡。」[6]換句話說，**譬喻是一種心智的捷徑，把大量資訊濃縮成一個字或一個詞。**譬喻能讓你為受眾迅速描繪出一幅

畫，而不需詳述內容細節。

我們來看看兩個帶動亞馬遜成長的概念譬喻：兩個披薩團隊和亞馬遜的飛輪。在這兩個例子中，貝佐斯運用象徵性的想法和溝通方式，啟發亞馬遜的經營團隊以不同的方式思考。

兩個披薩團隊

科技泡沫破滅後（「泡沫破滅」也是一個知名的譬喻），貝佐斯在聖誕假期間休息、思考及閱讀。他當時在西雅圖租屋的車庫裡創業，但公司的創新步調太過緩慢令他深感苦惱。雖然亞馬遜是一間成長快速的公司，工程師和產品經理都因為複雜的運送程式處理而感到挫折不已。產品開發被分成幾個重要的部門，決策的人實在太多了。貝佐斯在1999年3月對美國出版商協會的演講中說：「階級制度無法對變化做出及時的反應。」[7]

在休假結束後，貝佐斯帶著一個簡單的想法回到公司。如果他像亞馬遜成立初期那樣組織團隊，每一個團隊都有自己的專案藍圖和軟體程式，他們就能進展得更快。貝佐斯回想，當時用兩個披薩就能餵飽整個團隊的人。貝佐斯把這個想法寫在一張紙上，然後兩個披薩團隊就這麼誕生了。

兩個披薩團隊的譬喻傳達了很多涵意。這個譬喻傳達了決策制定需要去中心化。這還傳達了需要將公司分成多

個小型的工程團隊，讓各團隊能自主運作，各單位間只需簡單的聯絡。這也傳達了他們了解到，員工之間若需太多協調會阻礙速度和靈活度。這個譬喻甚至縮短了計算的公式。

有一個知名的公式叫做「傳播路徑公式」，當團隊變大，團隊成員之間的聯絡管道會暴增，導致分享資訊與完成工作所需的時間拉得很長。

傳播路徑公式如下：

$N \times (N-1) / 2$
$N=$ 專案的團隊成員人數[8]

根據這個公式，如果一開始是5人的小專案團隊，就會有10條可能的溝通管道。當團隊成員人數加倍，溝通的管道就會擴大成45條。這表示專案經理得花1.5倍的精力和時間讓團隊成員了解情況。

這個公式是由費德瑞克‧布魯克斯（Frederick Brooks）的著作《人月神話：軟體專案管理之道》（*The Mythical Man-Month*）所啟發出來的，貝佐斯看過這本書，他了解這個公式，並且將這本書推薦給公司的高階經營團隊。

布魯克斯是IBM的電腦科學家和資深高科技專家，他認為讓更多人進行一項專案並無法更快產生結果。溝通管道暴增反而會拖慢流程。

史東在《貝佐斯傳》中指出，貝佐斯希望「擺脫公司內部溝通的限制，鬆散的團隊運作比較快，能更迅速向顧客提供功能。」[9]設計良好的兩個披薩團隊還有另一個強大的優勢：敏捷的反應能讓他們在出錯時修正路線，或是迅速解決錯誤。

你可以看得出來，許多數學家和電腦科學家都曾仔細檢視過小團隊背後的策略，也有許多書和艱澀的數學公式在研究這個主題。貝佐斯知道，他必須找出一個捷徑來解釋這個概念。

正如完成專案所需的時間和團隊人數的多少成正比，採納一個概念需要的時間和其簡易程度也是呈正比。

還有什麼比兩個披薩更簡單？這個概念大受歡迎……直到後來遭遇阻礙。

用單一執行緒領導者取代兩個披薩

儘管「兩個披薩團隊」這個概念看似很有發展性，但《亞馬遜逆向工作法》（*Working Backwards*）一書的作者，也是亞馬遜前高階經理人比爾・卡爾（Bill Carr）和科林・布萊爾（Colin Bryar）卻認為這個譬喻有其缺點。沒有人比卡爾和布萊爾更了解貝佐斯，他們兩人在亞馬遜工作時間總計二十七年，而且在公司成長期就從基層開始經歷了許多重大的轉捩點。卡爾和布萊爾就兩個披薩團隊這個主題，討論小團隊很適合諸如產品開發等工作，但無法提升

其他領域的速度與彈性，例如法律部門或人力資源。

兩個披薩的譬喻很琅琅上口、容易理解。而且在某些工作環境中的確很好用，但在別的工作領域則非如此。亞馬遜的高階經理人發現，一個團隊成功與否最重要的指標並不是團隊規模，而是「領導者是否有適當的能力、權威以及經歷，來管理負責把工作完成的團隊。」[10]

這個模式需要一個新的名稱——一個新的譬喻。

由於公司的經營團隊中許多人具有工程和電腦科學的背景，他們把新的概念（目標）對映到他們熟悉的來源領域中類似的東西。他們找到的譬喻就是「單一執行緒」（single-threading）。

電腦程式設計師都很熟悉執行緒（thread）：一次處理一個指令。許多程式設計語言都是單一執行緒，例如JavaScript，單一執行緒顧名思義就是在任何時間都只執行一條程式碼。把這個概念套用在領導上就表示，團隊領導者一次只專注一件事：新的產品、新的事業線，或是事業轉型。

一開始是兩個披薩能餵飽的團隊，發展成「單一執行緒領導者」（single-threaded leaders，STL）管理的團隊。根據布萊爾和卡爾的說法，單一執行緒的領導為亞馬遜帶來新一波的創新，因為這麼做讓「一個人不受競爭責任的阻礙，就能主導一個重要的計畫。」單一執行緒領導者負責管理一個有資源、有彈性且靈活的團隊，以實現其目標。

這個新譬喻觸發了大量的創新，例如亞馬遜物流（Fulfillment by Amazon，FBA）。這個想法是要讓公司以外的第三方賣家使用亞馬遜的倉庫和出貨服務。亞馬遜可以代替賣家倉儲、撿貨、包裝和出貨，為這些賣家排除物流的問題。

　　從事零售和營運的經營者都很愛亞馬遜物流的概念。但是這個概念有超過一年的時間沒有進展，因為沒有人有心力管理所有的細節以實現這個概念。這時副總湯姆・泰勒（Tom Taylor）登場了，公司要求他把所有的心力放在僱用和管理能打造亞馬遜物流的團隊。這個系統為想要更快到貨的顧客，以及想要有更靈活倉庫選項以擴大業務的商家運作。單一執行緒領導者解決了數百萬賣家的問題，使得數以百萬計的顧客更開心。

　　上谷歌搜尋「單一執行緒領導者」，會找到超過600萬筆資料。這個在亞馬遜提出的概念，現在已經變成很受歡迎的管理原則，也被用來代表百分之百投入且負責某一專案的領導者。這就是譬喻的力量——用一、兩個字就傳達了很多意義，並在公司成長過程中引導著員工。

———

　　一間熱門的加拿大新創公司就利用單一執行緒領導者的譬喻，賺進了大筆獲利。

　　Hopper是只供行動裝置使用的旅行應用程式，於2018

年時募集1億美元創下紀錄。這筆投資使Hopper成為加拿大史上價值最高的新創公司。

Hopper的執行長暨共同創辦人費德瑞克‧拉隆德（Frederic Lalonde）說，以超高速成長的新創公司需要以不同的方式看待所有事：文化、訊息傳遞、行銷和管理。拉隆德非常熱愛閱讀商業和管理方法的書籍。他說「單一執行緒領導者」方法使領導者能像老闆一樣行事，進而帶動「超高速成長」。

Hopper的單一執行緒領導者每天只需要想一件事。公司沒有產品團隊，沒有工程團隊，沒有資料科學團隊，沒有設計團隊。相反的，Hopper是以小團隊的方式組織，研究能改善顧客體驗的功能或服務。拉隆德說：「這就像新創公司內連結鬆散的聯邦，裡面有非常強的多領域團隊。」[11]

公司裡任何人都可能成為領導者。一旦領導者獲派一個任務，就要負責打造一個團隊，把對的人放在對的位置。團隊可以從一兩個技術人員開始，提供足夠的資源開始打造、一再嘗試並且交付新的東西給顧客。如果產品或功能找到市場，單一執行緒領導者就有權擴大團隊編制，然後把這個概念變成更大的業務。

拉隆德說，就是單一執行緒領導者的彈性和速度，讓公司得以在新冠疫情期間成長一倍。由於2021年初開始解除旅行限制，Hopper每一季都增加200名員工。

Hopper甚至採用了兩個披薩團隊的譬喻，而且還加入

新的解讀方式。

拉隆德在建立公司時，除了他自己讀過的許多書外，他也研究行為科學，他學到史上編制最靈活的組織——成長最快速的組織——就是羅馬帝國。士兵被派到8人一組的小團隊中，因為一個帳蓬可以容納的人數就是8個人。拉隆德說，羅馬軍團打造的「分散式網絡」統治西方世界長達五百年之久。

所以Hopper將兩個披薩團隊改為羅馬帳蓬。團隊的組織不超過8到10人，其中一人是領導者，負責團隊唯一的專案。

雖然羅馬帳蓬和披薩團隊是很琅琅上口且強大的管理概念，一位前亞馬遜高階經理人發現一個更棒的譬喻——貝果。

一打貝果的規則

亞馬遜網路服務的前主管傑夫・勞森（Jeff Lawson）在開設自己的公司Twilio時，就採用貝佐斯藍圖的概念。

勞森於2004年加入亞馬遜，當時公司已成長至5,000名員工。他問錄取他的人，公司從草創期只有100人的時候，到現在已經改變了多少。對方告訴他，亞馬遜「這間公司仍然具有同樣的急迫感。」

勞森想要把那樣的急迫感帶到他的新創公司。他相信，小團隊就是實現他目標的祕密。勞森回想，雖然亞馬

遜規模龐大，但結構卻像是由獲得授權、以任務為導向的領導者所帶領的小團隊所組成的一群新創公司。[12]勞森很容易就將小團隊模式帶到Twilio，畢竟當時公司只有三位創辦人，而且三人都是軟體開發人員。如果顧客通報有問題，勞森五分鐘內就能寫好修正程式。三個人很快就能達成決策。他們甚至不需要兩個披薩，三個貝果就夠了。

　　Twilio剛成立的時候，創辦人每週一早上開會。勞森在開會前會先去麵包店買三個貝果。當公司開始成長，貝果的訂單也增加了。勞森會買半打貝果，然後買一打，後來變成三打。但是勞森開始發現一個趨勢，這個趨勢也是令貝佐斯思考小團隊的原因：Twilio的創新速度開始和貝果的數量呈反比。

　　後來執行長勞森手下有30名員工。他發現，公司的營運效率不如人數較少的時候。勞森回想到他在亞馬遜時兩個披薩的譬喻，便想出一個辦法將員工分成三個團隊。一個團隊支援現有的產品，另外兩個團隊專注於接下來的專案和內部平台。

　　這次不是披薩，勞森的大原則是每一個團隊必須夠小，一打貝果就能餵飽所有人。當Twilio的三個團隊成長到一百五十個小組時，勞森一直記住那個譬喻：如果一打貝果不足以餵飽一個小組，就表示太多人了。現在勞森喜歡開玩笑說，Twilio是最沒沒無聞的成功企業，就算你曾使用過它的服務卻可能不知道。Twilio的軟體內建在數千個應用程式中，從Uber司機傳給你的簡訊，到你登入Netflix之前

傳到你裝置裡的程式碼，不一而足。建立一間消費者看不見的公司，勞森需要在從設計到行銷的每個過程中，對溝通有不同的思考。

——

雖然亞馬遜找到比兩個披薩團隊更好的解決之道，這個譬喻卻激發了對話和想法。現在的亞馬遜已經聽不到有關兩個披薩團隊的事，但是這個譬喻很好用，讓新創公司和大型企業都能受惠。

開始挑選一個譬喻吧：單一執行緒領導者、兩個披薩、一打貝果或羅馬帳蓬。最好能想出一個新的譬喻，而且是你的企業文化或任務所獨有的。

兩個披薩團隊可能會激發出想法，讓你的公司飛輪轉動得更快。啊，飛輪。在探討譬喻的章節不能不談到很有名的飛輪——推動亞馬遜成長的祕密。這也是商業史上最令人信服的譬喻之一。

飛輪

2001年10月時，貝佐斯邀請作家與商業思想家吉姆‧科林斯（Jim Collins）對亞馬遜的領導團隊演說。科林斯當時正要準備出版《從A到A+》（*Good to Great*），這本書後來成為經典的管理學書籍。貝佐斯提早看到科林斯的研究

所發現的飛輪這個譬喻。亞馬遜採用這個概念撐過網路泡沫破滅期，推動接下來二十年的成長。

　　飛輪是一個圓形的碟子，當能量累積就會轉得越來越快。科林斯說，飛輪一開始很難轉動。但是在「用力推動後，飛輪就開始慢慢向前。你持續努力推，飛輪就會轉一整圈。不要停下來，繼續推，飛輪就會變快一點。轉了兩圈、然後四圈、八圈，飛輪在累積動能……十六圈、三十二圈……轉得越來越快……一千…一萬…十萬。然後到了某個程度──突破！飛輪向前飛，動能幾乎無法阻止。」科林斯寫道。[13]

　　貝佐斯正在寫筆記。

　　貝佐斯在餐巾紙上寫下後來知名的良性循環。中間是「成長」，飛輪的動力是顧客服務、選擇和低價。在一個封閉環路系統（closed-loop system）中，當任何或所有輸入變得更好，飛輪就會轉動得越來越快。舉例來說，顧客服務可以透過更快出貨、更容易使用網站、更多選擇等方式來改善。

　　史東說：「較低的價格能讓顧客更常光臨。更多顧客能帶動銷售量，並吸引更多支付佣金的第三方賣家加入。這樣亞馬遜就能從固定成本中獲得更多收益，像是物流中心和經營網站的伺服器。更好的效率能將價格進一步壓得更低。因此他們認為，強化這個飛輪的任何一個部分，應該就能使速度加快。」[14]

　　貝佐斯非常著迷於飛輪的想法，他認為這是公司成功

的祕訣。飛輪讓亞馬遜的消費業務成為零售業羨慕的對象。

　　亞馬遜現在的領導者仍會在對話中提到飛輪。當亞馬遜的業務從零售業開始擴大，飛輪的譬喻成了標準方法，每一個部門都用它來帶動成長，結果使組織的各方面都加速創新。

　　舉例來說，亞馬遜網路服務是亞馬遜的雲端運算部門，這個部門並不銷售第三方賣家的產品，但會銷售資訊科技專業人士使用的獨特工具。這個部分創造越多的工具，就會吸引越多開發人員。這些工具會讓更多人使用服務，並吸引更多企業消費者。當規模成長，亞馬遜網路服務就會提供更低的雲端服務價格，吸引更多開發商打造更多工具，然後再吸引更多企業客戶。

　　亞馬遜網路服務看似很不同於消費者零售業務，但是貝佐斯在2015年的信中指出兩者的相似之處。別忘了，譬喻是一個工具，顯示兩個不同的東西之間的相似點。

　　貝佐斯寫道：「表面上看來，這兩者非常不同。一個服務消費者，另一個服務企業……深入一看，其實兩者並沒有那麼不同。」[15]

　　兩者並沒有那麼不同。貝佐斯是在運用譬喻的力量來描述背後的大原則。選擇好的譬喻，有助於你將文字轉變為具體的心智圖像。飛輪效應聽起來很合理，但唯有在具體事物的幫助下──飛輪本身──潛力才會變得明顯。

訓練方法

　　譬喻是幫助我們理解的捷徑，能幫助你的受眾理解複雜或抽象的想法。因為非常有效，所以我們日常生活的對話會不斷使用到譬喻。但是在商業簡報中應盡量避免陳腔濫調，太讓人熟悉的譬喻會失去力量。以下是幾個要避免使用的老套比喻。

- 決定權在你手中（The ball is in your court）
- 提供有用的東西（Bring to the table）
- 跳脫框架思考（Think outside the box）
- 滄海一粟（A drop in the bucket）
- 屋漏偏逢連夜雨（A perfect storm）
- 美中不足（A fly in the ointment）

　　避免使用容易想到的譬喻。如果你聽過某個說法上千次了，那麼你的受眾也聽過上千次了。

如何將譬喻加入你的溝通百寶箱中

使用譬喻來描述獨特的經驗或事件

在太空人克里斯・海德菲爾德（Chris Hadfield）成為國際太空站（International Space Station）的指揮官之前，他必須先到達國際太空站。他搭乘了「聯盟號」火箭（Soyuz）。約300噸的燃油和氮燃料產生100萬磅的推進力，將火箭推升超越地心引力，朝向目的地出發。

全世界僅有240位太空人曾到過國際太空站，海德菲爾德是其中之一。大部分的人永遠不會有坐在一個巨大的火箭上，並且被投擲到太空中的經歷。海德菲爾德是一位專業的科學教育者，他拿一般人熟悉的事物做比喻，解釋火箭升空時的感覺。當他形容火箭升空的感覺時，彷彿帶著我們跟著他一起升空。

升空前六秒，這頭巨獸忽然開始怒吼，彷彿巨龍開始噴火。你可以感受得到下方的火箭即將開始爆發，以強大的馬力產生脈衝。你就像颶風中的一小片葉子。你發現比起即將發生的事，自己是如此微不足道。當時鐘倒數到零，巨大的引擎點燃，一個巨大的火箭就在你身邊。巨大的能量脈衝通過你的太空船時，感覺彷彿發生了重大事故，好像有東西撞進你所在的船裡。當引擎點燃，你會覺得自己身在一隻巨犬的嘴裡，牠在搖晃你，用力攻擊你。你感覺很無助，只能保持專注。[16]

怒吼的巨獸、噴火的巨龍、爆發、颶風中的葉子、巨犬的嘴裡——這些都是用具體的概念來形容一個別人不熟悉的體驗。

選擇譬喻，為艱澀難懂的主題賦予生命

如果你有在看商業新聞或關注股市，你一定聽過「經濟護城河」（economic moat）這個詞。億萬富豪巴菲特在1995年的波克夏海瑟威股東會上，將這個詞變得普及。有一位股東提出一個問題：「你用什麼基本的經濟法則來賺錢？」[17]

巴菲特回答：「我們所做最重要的事就是尋找一間有寬闊而持久的護城河的公司，護城河可以保護這個經濟城堡，裡面還有負責經營且誠實的堡主。」

城堡的譬喻是個很簡潔的捷徑，以鮮明的方式解釋了巴菲特和團隊用來評估潛在投資對象的複雜數據與資訊系統。很深的護城河讓公司具備獨特的優勢，競爭者很難進入產業，以保護公司的市占率。城堡的力量在於有誠實且正直的騎士在保護它，那個騎士就是公司的執行長。巴菲特解釋說，護城河就像永久且強大的抵禦措施，以避免潛在的攻擊。

巴菲特在2007年時再次提到城堡這個譬喻，解釋公司最好的投資之一：蓋可保險公司（GEICO）。公司提供低成本的產品，使用一隻壁虎當成吉祥物和代言人（譯註：「蓋可」的發音和壁虎〔gecko〕一樣），使得公司享有知名度，

而且有很高的利潤率。

　　尋找有護城河的城堡就是巴菲特的獲利策略。雖然蓋可保險不是上市公司，但是有一個投資網站估計巴菲特這筆投資賺了400億美元，報酬率是48,000％。

　　巴菲特曾說：「蓋可保險是珍寶。」這位億萬富豪就是無法不用譬喻。

――

　　你可以注意經常上電視的專家，或記者經常仰賴的分析專家。我擔任電視新聞主播十五年，包括定期報導紐約市的金融市場。我可以告訴你一個祕密：既具有專業能力又擅長溝通的人真的很難找得到。這就是為什麼少數幾位名人會獲得媒體關注的原因。經濟學家黛安‧史旺克（Diane Swonk）就是其中之一。

　　史旺克的頭銜是正大聯合會計師事務所（Grant Thornton）的首席經濟學家，但她說她主要負責的工作是使用日常用語來解說複雜的資料。

　　史旺克是全世界最受敬重的經濟學家之一，而且邀約應接不暇。她的行程排滿了訪談、錄製播客節目和演講，因為媒體和政府機構都會請她分享對全球經濟的清晰洞見。而她的能力就在於譬喻的力量。

　　史旺克說，她一個月花四十個小時寫報告。她會花很多時間想出類比和譬喻，以便從成堆的資料中挖掘出真知

灼見。

　　新冠疫情期間，美國政府花了數兆美元幫助生活陷入困境的人和企業度過危機。好幾兆美元是一筆很大的錢，而且政府還推出一大堆方案分配這些錢。史旺克幫助受眾和讀者理解這一切。以下是幾個史旺克被媒體引述最多次的解釋內容。她被引述最多次的話都是用譬喻來解釋的，這應該不讓人意外。

- 經濟在一夜間陷入冰河時期。我們被深深凍結了。解凍經濟所需花的時間比結凍的時間還要久。
- 新冠疫情是冰山，我們正在搬救生船。
- 這場新冠疫情馬拉松正進入最艱難的一哩路。
- 就業報告就像汽車引擎蓋底下的東西，真的很難看。
- 聯準會快要沒戲法可變了。

　　史旺克的天賦是她能將晦澀、複雜的經濟用語，轉譯成人們容易理解的用字。但她說這個「天賦」是需要練習的。史旺克告訴我：「有一位同事曾說：『聽妳說得好像很簡單』。他們不知道我花了多少時間練習。但我是個勤奮的寫作者。我很努力練習溝通這門藝術，因為如果你無法解釋，所有資訊都會在表達的時候遺失。」[18]

　　別讓你的訊息在表達的時候遺失了。想要找到對的譬喻需要下點功夫，但是當你因為溝通能力而受到矚目時，

你的努力就都值得了。

訓練方法

簡單的譬喻形式就是「A就是B」，例如「時間就是金錢」。這個形式很適合用來表達複雜的概念。從你自己的領域中選擇一個複雜的概念，用「A就是B」的形式來解釋。用對話的方式來描述這個比喻。

複雜的概念：＿＿＿＿＿＿＿＿＿＿＿＿＿＿＿ (A)
熟悉的概念：＿＿＿＿＿＿＿＿＿＿＿＿＿＿＿ (B)
A就是B的形式：＿＿＿＿＿就是＿＿＿＿＿

範例：
複雜的概念：一筆好的投資
熟悉的概念：有護城河的城堡
A就是B的形式：一筆好的投資就是被很深的護城河包圍的城堡，護城河可以抵禦競爭者。

亞里斯多德說，精通譬喻的能力是天才的象徵。希望

本章能讓你釋放內在的天才，並運用精心想出來的譬喻來溝通你的想法。

　　有影響力的領導者使用譬喻和類比來教育受眾。雖然譬喻和類比很接近，但兩者之間還是有差異。貝佐斯知道何時該使用哪一個。讀完下一章，你也會知道該如何運用。

6

溝通者最厲害的武器

「類比」將難以理解和司空見慣連結起來，
創造出最多的知識。

──亞里斯多德

比爾・卡爾清楚記得，那場會議改變了亞馬遜，並開啟了他職業生涯中最激動人心的部分。卡爾雖然不記得貝佐斯在全員會議上說過的每句話，但有一件事他一直沒忘。那件事給了卡爾信心，讓他繼續進行原先不願意接受的計畫。

在亞馬遜的四年，卡爾一路升到全球媒體部門副總的位置，老闆請他負責帶領公司新的數位媒體事業部。卡爾覺得自己沒什麼選擇，因為這是貝佐斯自己決定的。但是卡爾覺得非常失望，因為他的事業本來似乎正要起飛。身為亞馬遜的書籍、音樂和影片部門的主管，卡爾管理的部門占公司全球營收的77%。但是現在卡爾要開始帶領公司最小的新事業。舉個例子來解釋，數位電子書只占整個書籍

類別的1%，雖然亞馬遜已推出「書內搜尋」功能，但對提供實體數位產品與服務幾乎完全沒有經驗。這時的亞馬遜還沒有打造過硬體產品，但是公司已經稱霸電子商務領域了。

卡爾想，為什麼現在要改變？

他在全員會議上得到了解答。

卡爾說：「我仍記得那場會議，好像昨天才發生過一樣。」[1]

「很多人都有疑問和擔憂：為什麼亞馬遜要投入在自己完全不懂的領域？亞馬遜為什麼要分心做不擅長的事？公司為什麼要打造自己的硬體裝置？亞馬遜了解數位媒體服務的哪些事？」

在聽過他們的想法和擔憂後，貝佐斯用一個古老而且很有用的修辭工具來回應他們——那就是類比（analogy）。貝佐斯說：「我們必須埋下許多種子，因為我們不知道哪一顆會長成巨大的橡樹。」[2]

以橡樹來類比是個很聰明的選擇。

橡樹可以存活長達一千年，而貝佐斯是個長線思考的人。橡樹很巨大，而亞馬遜提供大量各類產品。橡樹既靈活又堅硬，這些都是貝佐斯對品牌的價值觀。一棵橡樹的一生中會產生數百萬顆橡實。每一顆橡實都內含一顆種子，大部分會被動物吃掉。但每一年都會有少數橡實掉落到地面、生根，然後長成巨大的橡樹。

卡爾說：「大部分的人都能理解這個類比。這個類比幫助大家理解貝佐斯的決策。你可以在腦海中想像那個畫

面——埋下種子、澆水、施肥、看著種子長大。你甚至可以想像其中一或兩顆種子長成巨大的橡樹，幾年後你就能坐在樹下乘涼。」[3]

後來的確有幾顆種子發展成巨大的事業部門，例如電子書Kindle、亞馬遜音樂、亞馬遜電影，以及語音助理Alexa。

卡爾告訴我：「貝佐斯是非常厲害的溝通者。類比的效果非常強大。」[4]

貝佐斯是譬喻大師，也是類比之王。

——

類比和譬喻很相似，也是一種比喻法，比較兩個不相關的事物來突顯其相似之處。類比在溝通中的目的是將知識從一個人轉移給另一個人。雖然類比中可能含有譬喻，但類比的解釋比譬喻要來得更詳盡。

我們喜歡聽到以類比來表達的資訊，因為我們是以類比的方式來思考的。心理學家黛安·海朋（Diane Halpern）說：「人類的思想中充斥著類比。每當我們面對一個新的情境，我們會透過參考熟悉的事物來理解新的情境。」[5]

我們的大腦會將新的或未知的事物以及我們熟悉的事物連結起來，透過這樣的方式不斷地在理解這個世界。當我們遇到新的概念時，大腦不會問：「這是什麼？」大腦

提出的問題會是：「這像什麼？」

靈光乍現的時刻

　　沒有用類比思考，就幾乎不可能有創意的構想。大部分重要的科學突破都是始於類比。舉例來說，史上知名的「靈光乍現的時刻」（eureka moment）就是類比思考的結果。

　　西元前3世紀，一位叫做阿基米德（Archimedes）的數學家必須解開一個難題。國王命令金匠打造一頂皇冠，但國王認為金匠在黃金中摻入白銀，坑了國王的黃金。阿基米德能不能證明國王的看法？在苦思了很久後，阿基米德深感挫折便去洗個澡放鬆一下。

　　當他坐進浴盆時，部分的水從浴盆邊緣溢了出來。他發現，溢出的水量相當於他的體重。由於黃金比其他金屬還要重，例如銀，所以阿基米德就可以用同樣的實驗來確認皇冠是不是用純金打造的。結果他發現並不是。阿基米德洗澡到一半興奮得光著身子跑上街，大喊「我知道了！」（Eureka！）

　　認知科學家引述阿基米德的故事，證明類比對我們的思考極為重要。我們的大腦會將已知的主題（阿基米德的浴盆）的基本結構映照到目標或未知的主題（皇冠）。

　　類比提供一個共同的架構，讓我們從新的觀點去看事情，有助於將資訊從一個人傳遞給另一人。類比讓抽象的

事物變得具體。

———

　　有些類比的效果比其他類比好。海朋曾做過一個實驗，以找出哪些類比的效果最好。[6]她找來193位自願者，年齡為17到64歲。他們要讀三篇科學文章，一讀完就要回答有關文章內容的問題。一週後，他們要再針對相同的文章回答第二組問題。

　　這個實驗的文章包含像淋巴系統和電流之類的主題。受試者被分為三組：有一組人讀的主題文章沒有類比，有一組人則讀「近領域」的類比，最後一些人讀「遠領域」的類比。

　　近領域類比出自受試者已經知道的科學領域的分支；遠領域類比則是將一個主題比喻為另一個完全不同的領域。遠領域類比將淋巴系統比喻為流進海綿裡的水；近領域類比則是將淋巴系統比喻為血管中的血液流動。

　　關於電流的文章中，遠領域類比將電比喻為水管。伏特就像把水打進水管裡的壓力。電流就像水管的直徑（直徑越大，通過的電流就越大），而阻力就像水管裡有沙子，會拖慢水的流動。近領域的文章描述了通過電路的電流。

　　這個實驗的目的在於測試人們是否能記得他們所讀過的內容。研究一開始時，剛讀完文章的各組之間並沒有明

顯的差異。但是當海朋一週後再測試一次時，就發現了明顯的差異。閱讀遠領域類比文章的人能記住的內容多很多，而且也展現出對內容更深的理解。用科學術語來說是：「當相似性關係較不清楚時，例如遠領域類比，受試者必須尋找背後的關係，才能理解其意義。」簡單來說就是，海朋發現和主題關係越遠的想法，越能在人們心中留下印象。

海朋的實驗並非這個領域唯一的實驗。在教育研究中，閱讀內含遠領域類比的技術性文章的學生得分，比閱讀相同內容但沒有類比的文章的學生更高。諸如「心臟就像一個水桶和幫浦系統」或「循環系統就像鐵路」這類的遠領域類比，較容易被記住和理解。

如果你要受眾記得、一段時間後不會忘記你的資訊，並且了解你的構想，就要使用和主題領域差異很大的類比。如果你說，人生就像一個活的有機體，我可能不會認真聽。但如果你說，人生就像一盒巧克力，我就會想知道為什麼。阿甘就知道差勁的類比和好的類比之間的差別（譯註：「人生就像一盒巧克力」，這句話出自電影《阿甘正傳》）。

訓練方法

想要在寫作和溝通中運用類比的力量，第一步

> 就是要知道類比在我們的日常用語中有多常見。注意一下你在對話、書籍、文章和影片中遇到多少類比。你可以特別關注經常討論複雜主題的知名作家和演說家。你會發現,他們更傾向用類比來傳達知識。

倒立的類比

創立、成長和經營一間公司,需要不斷學習和接受回饋。貝佐斯在2017年的致股東信中大可滔滔不絕地長篇大論,但是他選擇用一個和電子商務領域根本沒有關係的類比——學習倒立。

貝佐斯寫道:「我有個朋友最近決定學徒手倒立。」[7]

不是靠著牆倒立。不只是倒立幾秒鐘,拍照上傳IG就好了。她決定在瑜伽教室上倒立課程。然後她練習了一段時間,但是沒有達到她想要的成果。所以她僱用一位倒立教練。是的,我知道你們在想什麼,但是顯然真的有這種教練。第一次上課時,教練就給她一些很棒的建議。他說,大部分的人認為只要努力,應該就能在兩週內精通倒立。其實這需要每天練習,持續六個月。如果你認為自己能在兩週內學會,最後你只會放棄。

經營公司和倒立是不同領域的不同主題，但是兩者在架構上卻有共同點。創業比表面上看來還要困難。而寫一篇出色的六頁備忘錄也比你想像中的還要難。

貝佐斯繼續用倒立的類比提醒讀者，沒有任何技巧能在一夜之間臻至完美，尤其是寫作，不可能一蹴可幾。這需要時間。

貝佐斯說：「這就是我們發現的事。」[8]

通常如果備忘錄寫得不怎麼樣，並不是因為寫作者不了解高標準是什麼，而是因為錯誤的預期：他們誤以為高標準的六頁備忘錄，只要花一或兩天，或是幾個小時就能寫好，但實際上可能要花一週以上！他們試圖在兩週內精通倒立，而我們沒有正確教導他們。好的備忘錄是經過一再重寫、向同事指教，然後放個幾天，以全新的思維再次編輯。這是不可能在一或兩天內完成的。一篇很棒的備忘錄可能要花一週或更久的時間才能完成。

燈泡是第一個「殺手級應用」

貝佐斯在2003年時，用形塑他思考方式的類比，觸動了TED演說的觀眾。

網路泡沫吸引無數投資人，將數兆美元的錢投資在虧損的企業上。追蹤科技股的那斯達克指數於2000年3月10日觸頂，後來花了十五年的時間才站回這個高點。股市重挫

80%，投資人和分析師紛紛開始尋找類比的對象。

　　其中一個很多人在用的類比是加州的淘金熱，這個說法很適合，因為加州的矽谷正是網路泡沫熱潮的原點。貝佐斯承認，這個類比表面上看來很適合，雖然讓人忍不住想用這個類比，但他想到的是別的類比。

　　貝佐斯說：「很難找到正確的類比來描述一個事件。但是我們對事件的反應、我們現在做的決定，以及我們對未來的預期，都要視我們如何將事件歸類而定。」[9]

　　首先，貝佐斯說明了人們為何會想到把網路泡沫和淘金熱做比較。

　　「其中一個原因是，這兩者都很真實。1849年淘金熱時，人們從加州挖出價值逾7億美元的黃金。這是真的，而網路也非常真實。這是一個實在的方法，讓人們可以互相溝通。這是很重要的事。」

　　但是1850年代的淘金熱和網路都走上相同的路徑：「大榮景，大榮景。破滅，破滅。」

　　貝佐斯繼續描述兩者的相似性。「這兩個事件都是很大的熱潮。報紙廣告渲染著『黃金！黃金！黃金！』」

　　淘金的新聞令人們興奮不已。許多人辭去好工作來挖掘財富。「不分律師或銀行員，不論原本有什麼技能，人們紛紛拋下原本的工作來淘金。」

　　貝佐斯說，有些醫生甚至不再開業，然後他展示一張報紙的照片，是一位名叫托藍醫生（Dr. Toland）的男人，駕著馬車前往加州。貝佐斯笑著說：「網路也是一樣。當

時也有庫普醫生網站（DrKoop.com）。」（編按：DrKoop. com是在2000年的網路泡沫中，面臨破產的公司。）

後續效應也有類似之處。事情來得很突然，留下了很多傷害。貝佐斯接著展示一張懷特山口小徑（White Pass Trail）的照片，懷特山口小徑是在淘金熱時，眾所皆知可怕的地方。這是阿拉斯加和英屬哥倫比亞之間的一個山隘。此地原本名為懷特山口小徑，但是後來有數千隻動物葬身在這個崎嶇的小徑。現在這裡被稱為死馬小徑（Dead Horse Trail）。

貝佐斯繼續說：「這時淘金熱的類比開始不適用了，而且我認為兩者的差異很大。當淘金熱結束時就是真的結束了。」

貝佐斯不用淘金熱，而是選擇一個更精確的比喻。「比較好的類比能讓你非常樂觀看待。」他決定用電的出現來取代淘金熱的比喻。

同樣的，所有的類比都需要解釋。還記得第5章中說，譬喻是把一個東西形容成另一個東西，A就是B。如果貝佐斯說：「網路就是電」，那麼聽起來並不合理。類比幾乎總是從譬喻開始，然後需要有個說故事的人為類比賦予生命。

貝佐斯解釋道，1849年時，淘金者在加州翻遍了每一顆石頭，黃金全挖完了。但電則不同。一旦完成基礎建設，企業就能開始用電製造各種電器用品。創新會源源不絕。

根據貝佐斯的說法，燈炮是第一個「殺手級應用」。接著就是電扇、電熨斗、吸塵器，然後是令左鄰右舍都欣羨不已的電器：洗衣機。

貝佐斯說：「大家都想要一台電動洗衣機。」[10]

他展示一張1908年的赫利（Hurley）洗衣機照片，看起來比較像水泥攪拌機，而不是現在到家電用品店都能買得到的直立式洗衣機。而且這種洗衣機也很危險。貝佐斯說：「有一些恐怖的描述說人們的頭髮和衣服被卡在機器裡。」

貝佐斯又說：「網路現在正在1908年赫利洗衣機階段。我們現在就在這裡。我們的頭髮不會卡在網路裡，但現在正是原始的階段。現在是1908年。」

貝佐斯說，如果你用淘金熱來看待網路，那麼「你會很沮喪，因為最後一塊金塊已經被拿走了。但好消息是，有了創新的能力，就不會有最後一塊金塊。每個新的東西都會創造兩個新的問題，和兩個新的機會。」

選擇更好的類比需要花時間與思考。但是獲得的報酬非常好，你能因此釐清自己的想法，並且清楚地將想法傳達給員工。這會讓你有信心，認為正走在正確的道路上，就算大部分的人不這麼認為也沒關係。選擇一個更好的類比不只是讓貝佐斯的簡報觸動人心，也讓他有信心面對批評的聲浪。貝佐斯播放一些關於亞馬遜的新聞標題：

· 所有負面因素結合成網路

- 不值得的體驗（1996年）
- amazon.toast（亞馬遜.完蛋）（1998年）
- amazon.bomb（亞馬遜.炸彈）（1999年）

貝佐斯說，正如電力不只用於照明，人們使用網路也不只是上網瀏覽頁面或購物。

貝佐斯的結論：「如果你真的相信這是剛開始，如果你相信現在是1908年赫利洗衣機時期，那麼你就會非常樂觀。而我認為我們就在這個階段。我認為未來還有更多的創新，更甚以往。我們還在非常初期的階段。」

貝佐斯說得沒錯，他的類比後來證實非常精準。如果有人在他的TED演說那天投資亞馬遜，並且持有直到貝佐斯卸下執行長，這筆投資的價值會大增15,000%。請謹慎思考你用來說明一個事件的類比，正確的類比可能會讓你變得很富有。

———

你不需要改變訊息的內容，應該改變的是你將概念轉換為人人都聽得懂的語言的方式。當你在談一個很多聽眾都不熟悉的艱澀主題時，可以試著使用類比。

威納・沃格斯（Werner Vogels）是亞馬遜傳奇性的技術長，也是全世界最大的雲端運算平台亞馬遜網路服務的主要工程師之一。他曾說，技術長的角色就是連接起技術

與商務，這個角色需要清楚且簡單的說明。畢竟如果人們不知道該如何使用雲端，那麼雲端技術就沒有用。

2006年時，沃格斯和亞馬遜網路服務的團隊宣布推出「亞馬遜簡易儲存服務」（Simple Storage Service，S3），顧客可以輕鬆在網路上儲存與取回資料。這項服務啟動了雲端革命，但是這項服務超前時代太多，所以S3最初的記者會上並沒有稱其為「雲端運算」。

沃格斯說，雖然S3把網路儲存變得容易，但是建造的過程可不容易。亞馬遜的開發人員打造了一個全新的系統，利用「物件、貯體和金鑰」，打造出可擴充、可靠且便宜的服務。如果你不是電腦程式設計師，這些詞彙對你來說可能沒有意義，所以沃格斯選擇了一個熟悉的用詞——圖書館——來解說系統如何運作。

沃格斯說：「S3團隊所打造的成果，可以用傳統的圖書館來做類比。」[11]

在我們的S3圖書館中，書籍就是物件。物件可以是任何資料形式：照片、音樂、文件、電話中心的內容。物件儲存在貯體中。在圖書館的類比中，貯體就像圖書館裡的藝術史區或地理區。貯體就是你將裡面的所有物件分類和組織的方法。貯體可以內含一個物件或數百萬個物件或主題。你可以把金鑰想像成圖書館的卡片目錄。金鑰內含貯體中每一個物件獨特的資訊。貯體中的每個物件都有一個金鑰。你可以使用金鑰前往正確的貯體，找到正確的物件。

這個類比有助於解釋當資料量大增時，儲存系統如何擴充。2020年是亞馬遜網路服務十五週年，沃格斯宣布S3貯體中有100兆個物件。他說：「雖然這很難理解，但是100兆相當於人腦中的突觸數量，或是人體內的細胞數量。」沃格斯不斷在尋找類比，來解釋科技和商務用語。

———

類比是一個古老的溝通工具，但是隨著世界的資訊變得更多、更複雜，現在類比的教育功能變得比以往更重要。謹慎地選擇類比可以提升你的表達方式，你就能觸動聽眾的心。

類比和譬喻是故事的基石，善於說故事的人利用這兩個比喻的工具來連結熟悉和不熟悉的事物，這應該不會令你意外。在第二部分中，我們將探討撰寫故事來教育、說服、激勵和啟發。擅長說故事的人會被世界最頂尖的大學所錄取。擅長說故事的人能得到最好的工作。擅長說故事的人會吸引別人投資他們的新創事業。擅長說故事的人會啟發他人去做不可能的事。

PART

2

建立故事結構

7
以三幕劇說出史詩般的故事

貝佐斯從來沒有失去孩童會有的驚奇感……他對敘事和說
故事的興趣不只來自於亞馬遜的源頭——書籍銷售事業；
這也是他個人的熱情所在。

—— 華特・艾薩克森（Walter Isaacson）

　　我們來想像一下貝佐斯的傳記電影會如何開場。劇本
可能會從差一點讓他喪命的可怕事件開始：

開場

外景。德州西南部山區——早上10點

　　觀眾聽到直升機的聲音籠罩著德州大教堂山崎嶇的地
形。

　　切換畫面：直升機升空，是一架五人座寶石紅色的瞪
羚直升機（Gazelle）。忽然間，一陣強風吹得直升機失去
平衡。

　　切換畫面：直升機駕駛設法恢復控制，近距離拍攝三

名乘客恐慌的表情。乘客分別是億萬富豪貝佐斯，還有一名律師、一名牛仔，以及綽號叫「騙子」的直升機駕駛。

騙子拚盡全力試著控制直升機，卻無法脫離林木線。直升機變得像牛仔競技騎的馬一樣。直升機削掉一團泥土，然後翻覆其中。螺旋槳的葉片被折斷並碎掉，這些碎片差點就要飛入機艙裡，情況非常危險。底座翻滾掉入小溪中，上下顛倒落入水不太深的溪裡。

切換畫面：墜機地點附近一個牌子上寫著「災難溪」（Calamity Creek）。

沉默。

畫面切換至墜機現場：溪水湧入機艙內。牛仔掙扎設法解開救了他一命的安全帶時，不小心喝了一大口溪水。律師在水下被壓住。其他人七手八腳設法救她。她的頭抬高到水面上時，她大口吸了一口氣。她覺得背很痛，但她還活著。

乘客爬出直升機，聚在溪岸邊。他們都有些割傷、瘀傷和擦傷。他們看著倒在溪水中的直升機。他們知道自己很幸運還活著。

貝佐斯轉向對牛仔說：「你說得對。早知道就騎馬。」

淡出：剛與死神擦身而過的億萬富豪用力大笑出聲，聲音迴盪在山谷間。

這個故事的細節是真的。這起墜機事件發生於2003年3

月6日早上10點。每年這時候，德州西南部海拔較高的地方風都很大，而且很難預測風向。

貝佐斯當時搭乘直升機，隨行的人還有他的律師伊莉莎白・科瑞爾（Elizabeth Korrell）、牛仔泰尹・霍藍（Ty Holland），他是當地農場主人，比任何人都了解這個地方。霍藍對當地風勢的經驗令他很擔心。那天稍早，霍藍建議大家別搭直升機，改為騎馬。

當地人都知道查爾斯「騙子」貝拉（Charles "Cheater" Bella）。他因為參與一場劫獄行動而被封為「騙子」。根據《艾爾帕索時報》的報導，1997年7月11日當天，貝拉「參與一場失敗的行動，設法將三名囚犯以直升機載離新墨西哥州聖塔菲附近的監獄。他說他是被人持槍脅迫才參與行動。」[1]貝拉當天的直升機和他在席維斯史特龍的電影《藍波3》中駕駛的是同一機型。

有些故事不必捏造，本身就很精彩。

我們後來才知道貝佐斯為何跑去那個偏遠的地方。他當時是在為新的太空公司藍色起源尋找廠址。墜機意外後兩年，藍色起源首次測試飛行。2021年7月時，貝佐斯和弟弟馬克成為他公司送上太空的第一批人。

雖然貝佐斯祕密成立這間公司，但是從公司的成立文件中，可以看得出來他對說故事的熱愛。貝佐斯以聽起來很奇怪的公司名稱買下土地，「季弗蘭有限責任公司」（Zefram LLC），這個名稱是取自《星際爭霸戰》裡的人物季弗蘭・寇克瑞恩（Zefram Cochrane），他發明了一種

技術能讓人類用比光速快更快的曲速（warp speed）旅行。
貝佐斯請他的朋友，科幻作家尼爾·史帝芬森（Neal
Stephenson）擔任新公司的主要顧問。

———

　　作家華特·艾薩克森說：「貝佐斯對敍事和說故事的
興趣不只來自於亞馬遜的源頭——書籍銷售事業；這也是
他個人的熱情所在。貝佐斯小的時候，每年暑假都會在當
地的圖書館讀數十本科幻小說，他現在主辦作家與電影人
的年會……他將對人文的愛好與對科技的熱情，跟他的商
業直覺結合起來。」[2]

　　艾薩克森的觀察也適用於大部分有影響力的領導
者——他們都喜歡說故事。億萬富豪投資人和前亞馬遜董
事會成員約翰·杜爾告訴我，造成真正改變的企業家，都
是能影響人的理智和情感的領導者。通往情感最直接的方
式就是故事。杜爾說，不是任何故事都可以，而是有敍事
弧線的故事，結構要能吸引聽眾。

　　我將在本章揭露一個經過證實、經得起時間考驗的藍
圖，證明好的故事會被流傳數千年，而且跨越國界和文
化。你將學會如何應用與好萊塢強片一樣的故事結構，來
創造令人目眩神迷的商業簡報。而且你會看到貝佐斯和其
他商業界說故事的人，如何遵照這個範本撰寫演講稿和公
開簡報。等你學會這個模型的簡單步驟，你就能加以調

整，並且令你的聽眾驚豔。

我們首先來探討讓說故事變得跟數一、二、三一樣簡單的結構。

三幕劇結構

亞里斯多德是首創說服術的人，他在兩千多年前就發現一個故事可以分為三個部分。他說一個故事一定有開始、中間的過程和結束。亞里斯多德的觀察在我們看來很合理，因為這符合人生的旅程：出生、活著、死亡。

我想我們都能接受亞里斯多德提出的基本輪廓，故事有開始、中間的過程和結束。但是除非我們真的學會如何創造每一段的內容，否則這個基本的輪廓對我們也沒有什麼幫助。

你現在可能在想：如果大部分的故事都有這三部分，那為什麼每個故事看起來都不一樣？答案在於其共同的結構。一個故事有這三部分，但是這三部分的內容有很大的不同。關鍵在於學習你可以在結構中怎麼玩。

結構並不會限制創意；結構能讓創意擺脫桎梏。

亞里斯多德是首創說服術的人，但是編劇界的教父則是席德・菲爾德（Syd Field）。根據《好萊塢報導》的資料，菲爾德是世界上最多人邀請的編劇教師。幾乎每一部你喜歡的電影，都是以三幕劇為基礎，但這並不是菲爾德發明的；他只是確認了這是所有好故事的基礎。

第一幕是布局

正如其名稱所指出的，劇本的第一幕是在為故事布局：介紹人物出場、講述故事的重要前提、描繪人物的生活世界，並且打造主角和這個世界中其他人物之間的關係。第一幕最初的幾分鐘非常重要，不只是在電影中，在商業簡報中也是。開場必須吸引觀眾上鉤，誘使他們專心看完整個故事。

第二幕是挑戰

故事進行到一半時，英雄受到考驗，惡人、阻礙和衝突都在阻擋英雄實現夢想。克服這些阻礙能讓故事繼續往前走，讓觀眾感興趣並且投入故事中。好萊塢王牌編劇艾倫·索金（Aaron Sorkin）說，他熱愛意圖和阻礙：故事中有人想要某事物，但有別人阻礙著他。菲爾德說得最好：「沒有衝突就沒有行動；沒有行動就沒有角色；沒有角色就沒有故事；沒有故事就沒有劇本。」[3]

第三幕是結局

在第三幕也就是最後一幕中，英雄發現問題的解答，實現夢想，然後——這個非常重要——改變自己，或是把世界變得更好。他們冒險結束帶著寶藏回來，而這個寶藏通常是他們得到的智慧。

別把三幕劇結構當成公式了。結構是一個模型，用來揭露任何形式的好故事架構，這些形式包括電影、小說和

商業簡報。公式隱含的意思是，每一次的輸出都是一樣的。公式會讓內容缺乏創意；結構則會釋放創意。

——

《星際大戰》是典型的三幕劇故事。雖然我可以選擇幾乎任何賣作鉅片來說明三幕劇的結構，但我選擇大部分的人都知道的系列電影。喬治‧盧卡斯（George Lucas）1977年創作的《星際大戰：曙光乍現》原作，就是三幕劇敘事的經典範例。

第一幕：我們認識了年輕的農場少年路克天行者（Luke Skywalker）。我們看到冒險開始前他住的地方還有他的生活。當我們知道他的希望、懷抱的夢想和遭遇的挫折時，我們就投入了情感，即使他生活在一個遙遠的銀河，但這些特質還是能使我們認同他。

我們也認識了陪著路克冒險的主要人物：「黑武士」達斯維達、莉亞公主、歐比王、R2-D2和C-3PO。韓索羅和Chewy則在第二幕剛開始時登場。

故事的前提在第一幕的前十分鐘揭曉。反抗軍必須擊敗邪惡的帝國，為銀河帶來和平。達斯維達抓走了莉亞公主，她很聰明地把擊敗死星的戰術計畫藏在機器人R2-D2的記憶體中。

第二幕：路克面對越來越險惡的障礙和惡徒阻礙他實現目標，也就是解救公主、把計畫交給好人。阻礙他的有

達斯維達、帝國風暴兵，以及生活在垃圾裡的醜陋怪物差點殺了他。

　　第三幕。路克（主角）和達斯維達（敵人）之間最後的決鬥。路克摧毀死星並恢復銀河的和平。路克和朋友們因協助反抗軍而獲得勳章，所有人過著幸福快樂的生活──直到下一集電影上映。

　　你會發現，Netflix、YouTube、Amazon Prime、Disney+或你最喜歡的串流平台上，幾乎所有電影或節目都遵守三幕劇的結構。就連喜歡偶爾不按牌理出牌的導演詹姆士‧卡麥隆（James Cameron）（《魔鬼終結者》是五幕劇加上一個終曲）也說，他開始寫作時心裡會想著三幕劇。卡麥隆說，在打破規則前最好先知道規則。下圖呈現了三幕結構如何有助於創造一個從頭到尾的旅程。

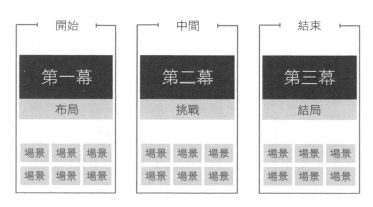

圖7.1　三幕劇的結構

　　以下就是使用這個模式為藍圖來建立簡報的關鍵：大

部分的故事都遵照三幕劇的結構，但不是所有遵照三幕劇寫出的故事都是好故事。故事與好故事之間的差別在於場景，也就是「節奏」（beat）。

重要的場景，即節奏。節奏是把故事向前推進的事件。節奏會創造觀眾喜歡的懸疑、緊張和刺激感。在你的提案和簡報中打造以下四個節奏，觀眾就會被每個字深深吸引。

事件（catalyst）

編劇界也常將此稱為「觸發事件」（inciting incident），這是打斷現狀、展開冒險並推動故事往前走的事件。浪漫喜劇的作家是編寫這類分場的專家。在電影《新娘百分百》中，安娜（茱莉亞羅柏茲飾）和威廉（休葛蘭飾）在街角撞個滿懷。威廉把柳橙汁灑在安娜的上衣胸口，但正巧他的公寓就在附近。火花冒了出來，冒險於焉展開。

在你創作簡報時，一定要考慮到觸發事件。是什麼火花激起你對這個想法的熱情？可能是你經歷過的事件、你遭遇過的問題、啟發你的老師、你讀過的書、一段旅行。霍華‧舒茲（Howard Schultz）在造訪米蘭的一間咖啡館時，激發他成立星巴克。過去發生的某件事使得你現在這樣思考，你要和觀眾分享這個觸發事件。

天人交戰

就算是英雄也會有懷疑的時候。他們必須深入自己的

內心，或是和其他角色討論，然後再選擇踏上旅程。改變很可怕。因為大部分的人偏好維持現狀，所以我們可以認同那些想要維持不變的人。但我們喜歡看到那些找到勇氣追求夢想、追尋冒險生活的少數人。這個節奏的標準範例，是在《星際大戰》電影演到三十五分鐘時。在看到莉亞公主尋求幫助的酷炫立體投影後，路克天行者還是不打算和歐比王肯諾比一起去冒險。然而當路克看到銀河帝國完整的邪惡行徑後，他改變心意了。他想要學習原力，並且和父親一樣成為絕地武士。他不能回頭了。

在你決定踏上冒險的旅程前，內心是否有過懷疑？更重要的是，是什麼給你信心追求目標？你如何克服那些批評和否定你的人對你説你永遠無法實現目標？

Netflix的共同創辦人馬克‧藍道夫（Marc Randolph）告訴我，當他告訴別人他的想法時，得到最多的反應是：「不可能成功的。」他開始覺得也許他們説得對。但他對解決問題、面對真正的問題和測試解決之道的熱情，維持著他的動機。你可能也經歷過類似的情況，在你人生某個階段有人對你説：「不可能成功的。」你如何克服那些內在的懷疑或批評，這就是重要的場景，要把它加進你的故事裡。

玩樂時光

這是編劇或商業簡報有趣的部分。這些節奏很容易發現，而且是打斷緊張必要的部分。我們並不想一直看到主

角苦苦掙扎,我們想要一些輕鬆一點的時刻。這些場景是有點奇怪、意外或好笑的冒險行動。《哈利波特》系列的每一部電影都有一些玩樂時光。舉例來說,當哈利來到霍格華茲時,被分類帽分到葛萊分多學院,他將會探索這座城堡,並且加入學院的魁地奇球隊。

大部分的人很快就會覺得商業簡報很無聊,因為娛樂價值很低或完全沒有。請找出有趣的部分。女性內衣公司SPANX的執行長莎拉・布雷克利(Sara Blakely),將她的成功,歸功於她能在情境中找到幽默的元素。由於她沒有時尚業的經驗、沒有商學院的背景,只有5千美元的儲蓄,她對自己的未來展望感到不樂觀。但是當她找不到適合的內搭褲穿去派對時,她就把一雙褲襪的腳部剪掉,結果她很喜歡穿起來的樣子。布雷克利會訴說這段故事,以及她在募資和成立公司時其他有趣的軼事。布雷克利讓幽默成為SPANX公司的核心價值。

失去一切

這是電影中我最喜歡的場景,在商業簡報中也是。在電影中,命運多舛的戀人失去了所有希望,永遠也不可能在一起,或是《星際大戰》中的英雄差點就被機器壓扁。主角幾乎不可能實現夢想——看起來是這樣。但是他們如何爬出「靈魂的黑夜」,正是令故事具有啟迪人心的力量。

詹姆士・戴森(James Dyson)經常講述他失敗了5,126

次，然後才成功打造出使他成為億萬富翁的第一個無袋式吸塵器的故事。原本他成功的希望不大，當時他已經沒有時間和金錢了。但是每一次失敗，戴森都學到一些事，使他更接近目標。他學到的教訓就是，我們應該要迎接失敗，而不是恐懼失敗。

訓練方法

　　想一想你的簡報內容。**找出必要的場景或「節奏」並加進你的敘事中**。這些場景會讓故事繼續前進，並吸引著觀眾。從你的生活或事業，尋找一些符合以下類別的事件：

・觸發事件：

_____

・大人交戰：

_____

・玩樂時光：

_____

・失去一切：

_____

仍是第一天

我們已經探討過三幕劇的結構，以及讓好故事變得很棒的節奏了。現在我們要來看看貝佐斯如何將這個結構套用在亞馬遜的故事上。

新冠疫情使貝佐斯無法親自出席2020年7月29日的國會聽證會。雖然貝佐斯從2,700英里遠的西雅圖辦公室遠端發表演說，他的演說被《華爾街日報》形容為「激勵人心、充滿力量且引人入勝」，贏得在場所有人的注意。報導還採用很特殊的方式，就是直接引述他證詞中的350個字。雖然貝佐斯在演說中談到很多亞馬遜的數據，但是報導只選擇了貝佐斯分享的故事。報導指出：「很難不起立歡呼。」演說結束後，一名CNBC的主播說：「哇，真是啟迪人心。太棒的故事了。」**你的觀眾不會記得簡報的所有內容，他們不會記得你提供的所有資訊和數據。但是他們會記得你說的故事。**

貝佐斯在美國眾議院的演說，就是一個包含場景節奏的絕佳三幕劇結構範例。以下內容出自這場演說，顯示出貝佐斯非常緊貼著這個說故事的架構。

大綱。 我是傑夫‧貝佐斯。我在二十六年前成立了亞馬遜，長期的使命是使亞馬遜成為地球上最顧客至上的公司。[4]

第一幕

　　我的母親潔琪在17歲時生了我，她當時還是新墨西哥州阿布奎基市的高中生。在1964年，高中女生懷孕可不是件受歡迎的事。她的生活變得很辛苦。當學校想把她退學時，我外祖父去為她求情。經過一番談判後，校長說：「好吧，她可以留下來完成高中學業，但她不能參加課外活動，也不能有自己的儲物櫃。」我外祖父接受了這個條件，我母親完成了高中學業，但她不被允許和同學一起上台領取畢業證書。為了繼續接受教育，她去報名夜校，選修的都是願意讓她帶著嬰兒去上課的教授開的課。她會帶著兩個行李袋，一個裝滿課本，另一個裝滿尿布、奶瓶和任何能引起我的興趣好讓我安靜幾分鐘的東西。

　　我父親的名字是米蓋爾。他在我4歲時領養了我。在卡斯楚政權掌管古巴後，他因為「彼得潘計畫」（Operation Pedro Pan）而在16歲時從古巴來到美國（譯註：卡斯楚統治古巴後，許多父母因為擔心孩子被共產黨抓走集中撫養，而在1960到1962年時，將6到18歲的兒童與青少年在父母無法隨行照顧的情況下，大批送往美國邁阿密。這個計畫總計讓約1萬4千人從古巴來到美國）。我父親孤身一人來到美國，他的父母覺得他在這裡比較安全。他的母親想像美國應該會很冷，所以她用抹布縫了一件外套，那是她唯一能取得的布料。我們到現在還保留著那件外套，它就掛在我父母的飯廳裡。我父親在佛羅里達的難民中心待了兩個星期，然後被送往達拉瓦州威明頓市的天

主教會。他很幸運能抵達教會，但儘管如此，他並不會說英語，而且生活過得很辛苦。但他有很多的勇氣和決心。他獲得阿布奎基一所學院的獎學金，並且在那裡認識了我母親。人的一生會獲得不同的禮物，而我得到很棒的禮物就是我的父母。他們是我們手足人生中很好的楷模。

我們從祖父母身上學到的事，和從父母身上學到的事不一樣，我從4歲到16歲的暑假都住在外祖父位於德州的農場。外祖父是公務員，也是農場主人——他在1950和60年代時，為原子能委員會研究太空科技與飛彈防禦系統——他自力更生，且足智多謀。當你住在鳥不生蛋的地方，如果有東西壞了，你無法拿起電話找人來修理。你得自己修理。我小的時候看過他自己解決一些看似無法解決的問題，不論是修理壞掉的推土機，或是自己充當獸醫。他教會我自己處理困難的問題。當你遭遇挫折時，要站起來再試一次。你可以為自己開路，前往更好的地方。

天人交戰

當時我在紐約市一間投資公司工作。我向老闆辭職，他就把我找去中央公園散步，我們走了很久。在聽我說了很多之後，他終於開口：「傑夫，我告訴你，我覺得這是個很好的主意，但是對沒有好工作的人來說會更好。」他說服我考慮兩天再做最後的決定。這是我用心而不是用理智所做的決定。等我80歲回想過去時，我希望盡可能減少

人生中後悔的事。我們後悔的事大部分都是沒做的事——沒嘗試過的事、沒走過的路。

玩樂時間

我在少年時就清楚記得這些教訓，並且在車庫發明東西。我用填滿水泥的輪胎做了一個自動門關閉設備，用雨傘和錫箔紙做了一個太陽能鍋，還用烤盤做警報器嚇我的兄弟姊妹。

第二幕

亞馬遜最初的成立資金來自我父母，他們投資了大部分的積蓄在自己不了解的東西上。他們不是把錢押注在亞馬遜或在網路上賣書這件事，而是把錢押注在自己的兒子身上。我告訴他們，大約有七成的機率這筆投資會血本無歸，但他們還是投資了。我開了超過五十次的會議，才向投資人募到100萬美元，而且在所有會議上，我被問到最多次的問題就是「網際網路是什麼？」

不同於世界上許多其他國家，我們所在的這個偉大國家支持創業精神，不會將創業冒險汙名化。我辭去一份穩定的工作，搬到西雅圖的車庫裡成立自己的新公司，我完全了解這可能不會成功。我親自開著車把包裹載到郵局，夢想著有一天我們也許能買得起一輛堆高機，這些感覺起來彷彿是昨天的事。

亞馬遜的成功並非註定的。初期投資亞馬遜是件非常冒險的事。從我們成立一直到2001年底，公司累計虧損將近30億美元，一直到那一年的第四季才開始賺錢。[5]

失去一切

　　聰明的分析師預測巴諾書店（Barnes & Noble）會徹底打垮我們，並將我們的公司品牌改名為「亞馬遜.完蛋」（Amazon.toast）。1999年是我們成立後近五年，《巴倫周刊》的封面故事是〈亞馬遜.炸彈〉（Amazon.bomb），內容預測我們即將倒閉。我在2000年寫的致股東信開頭只有一個字：「痛」。在網路泡沫的高峰，我們的股價高點是116美元，然後在泡沫破滅後，股價跌到剩下6美元。專家和學究都認為我們會倒閉。亞馬遜得以生存下來並獲得最後的成功，是因為有很多聰明人願意冒險相信我，以及願意堅持我們的信念。

第三幕

　　幸好我們的方法成功了。民調顯示，八成美國人對亞馬遜的印象很好。美國人相信誰比亞馬遜更能「做對的事」？根據民調機構Morning Consult在2020年1月所做的調查，美國人認為只有他們的醫生和軍隊會做對的事。《財星》雜誌2020年世界最受推崇的公司排名，我們是第二名（第一名是蘋果）。我們很感激顧客發現我們為他們所付出的努力，他們獎勵我們的方式就是信任我們。努力贏得

並維持信任，是亞馬遜的「第一天」文化最大的動力。

　　你們大部分的人所認識的亞馬遜公司，是把你的線上訂單用側邊印有微笑圖案的棕色盒子包裝送到你家的那間公司。我們就是這樣開始的，到目前為止，零售仍是我們最大的事業，占我們總營收的八成。當顧客在亞馬遜購物，就是在幫助他們當地的社區創造就業。亞馬遜直接僱用的員工多達100萬人，其中有許多人是最基層的時薪工。我們不只是僱用西雅圖和矽谷受過很多教育的電腦科學家和MBA而已。我們在西維吉尼亞州、田納西州、堪薩斯州和愛達荷州等全國各州僱用和培訓了數十萬人。

　　這些員工包括包裹堆放員、機械工和工廠經理。這是許多人的第一份工作。這是有些人通往其他事業的墊腳石，而我們很自豪能幫助他們。我們支出逾7億美元給超過10萬名亞馬遜員工，讓他們接受各種培訓方案，包括醫療、運輸、機器學習以及雲端運算。這個方案稱為職涯選擇（Career Choice），我們支付95%的學費和費用，讓他們取得熱門、高薪領域的證照或學位，不論這些課程和他們在亞馬遜的工作是否有關。

　　在演說的最後一個場景中，貝佐斯以亞馬遜的起源故事為譬喻，說明美國的創業精神。貝佐斯說：「亞馬遜會誕生在這個國家並非偶然。新公司可以在這裡成立、成長

並茁壯，更甚於地球上任何其他地方。我們國家接納足智多謀、獨立自主的人，我們接納白手起家的人。而且即使今天面臨挑戰，我對我們的未來也從未如此樂觀。」

這場演說有開場、有挑戰、有結局。貝佐斯以他開始冒險之前的普通生活環境為開場。第二幕是他從生活中學到的價值觀，此時他遭遇考驗、試煉、阻礙和挑戰。他在第三幕克服這些挑戰並改變世界。

關於亞馬遜故事中的玩樂時光，根據不同的聽眾，貝佐斯有很多軼事可以分享。以下是其中兩個：

我是在1994年想到亞馬遜的概念。我看到一個驚人的統計數據指出，網路使用量一年成長速度是2,300%。我決定試一試，找到在這個成長速度中合理的事業計畫，我選擇以書籍作為網路銷售的第一個也是最好的產品。我打電話找一位朋友，他介紹了律師給我。律師說：「我需要知道你企業文件中的公司名稱。」我在電話中說：「Cadabra，就像abracadabra（魔法咒語）一樣。」他說：「聽起來像『屍體』（Cadaver）。」我就想，好吧，不能用

這名字。所以我說：「你先寫Cadabra，我以後再改。」三個月後，我把公司名稱改為亞馬遜，因為這是世界上最大的河流，有最多的選擇。[6]

公司成立第一個月，我跪在硬水泥地上親手包裝盒子，還有另一個人跪在我旁邊。我說：「你知道我們需要什麼嗎？護膝墊。我的膝蓋痛死了。」結果他說：「我們需要包裝台。」於是我說：「這是我聽過最聰明的主意了。」隔天我就買了幾張包裝台，然後我們的生產力就增加了一倍。[7]

幽默能讓人放下戒心。幽默充滿魅力。幽默能建立起關係和信任。找到能讓你微笑的小故事，你的觀眾聽了可能也會會心一笑。

開始學習說故事

貝佐斯很會說故事，因為他研究敘事方法。與其他著名企業家一樣，貝佐斯認為如果沒有故事來行銷，就算有再卓越的技術和穩健的商業模式也沒有用。貝佐斯很會發

掘好的故事。

亞馬遜電影公司在2017年一場氣氛緊張的發展方向會議上，貝佐斯對這個部門的原創節目品質感到不滿意：

貝佐斯說：「經典的節目都有共同的基本元素。」[8]

出席那場會議的人說，接下來發生的事證明了貝佐斯非常了解一個史詩般的故事會有的元素。貝佐斯不必看筆記或文件，就提供下列說故事的元素。他非常清楚這些內容：

- 一個英雄主角，經歷成長與改變
- 一個引人注目的反派
- 實現願望（主角擁有隱藏的能力，例如超能力或魔法）
- 道德的選擇
- 多樣化的場景（不同的地理景觀）
- 令人迫切想看下一集（高潮迭起）
- 文明面臨重大危機（對全人類的威脅，例如外星人入侵或嚴重的傳染病）
- 幽默
- 背叛
- 正面的情緒（愛、喜悅、希望）
- 負面的情緒（失去、哀傷）
- 暴力

會議過後，貝佐斯要求電影部門的高階主管定期寄給他開發中專案的最新情況。內容必須「使用試算表來說明每個節目都包含每個故事元素；如果少了一個元素，就必須解釋原因。」[9]

　　亞馬遜原創節目的說故事方法，使得節目品質開始改善，亞馬遜電影公司後來推出許多在全世界大受歡迎的影片，像是由約翰・克拉辛斯基（John Krasinski）主演的間諜驚悚影集《湯姆・克蘭西的傑克・萊恩》（*Tom Clancy's Jack Ryan*，簡稱傑克萊恩）。這就是貝佐斯渴望的國際級的熱門節目。

　　在全世界200多個國家皆可收看Amazon Prime Video。像《傑克萊恩》這樣的節目，以精心規劃的劇情吸引全球的觀眾。在每一集中，你都會發現貝佐斯提出的十二個元素。萊恩是無名英雄，這名中情局分析師只是一部機器裡的小螺絲，他必須面對自己心靈的創傷。節目的創作者刻意不把主角變成超人類──讓他卑微一點比較能引起觀眾的認同。節目製作團隊甚至花更多心思在萊恩遇到的惡棍上。「寫任何故事時，反派要夠壞才能襯托英雄的好。我們花了很多時間和心力在創造一個複雜、多層次的反派。」[10]

　　如果你想知道有用的故事結構能多快吸引你入戲，只要看《傑克萊恩》第一季的試播集就夠了。雖然一小時的電視節目通常有五段，但這些段落仍屬於三幕劇的結構。

　　試播集的開場是個吸引人的橋段，一個驚人或意外的

場景，能吸引你的注意，讓你想繼續看下去。在前面虛擬的貝佐斯傳劇本中，我選擇以直升機墜機為吸引人的橋段作為開場。在吸引人的橋段後，觀眾就會見到節目的主角。在《傑克萊恩》的試播集中，我們會看到大部分主要人物，不斷出現在這部八集的影集中。其中有一個場景是當萊恩在中情局的新上司走進會議室時說：「請在座每一位依序自我介紹一下，告訴我你們的工作是什麼。」

我們也會從中知道英雄的價值觀。在一個場景中，萊恩因為重視原則勝於金錢，而拒絕了一個內線交易的機會。

節目的第二幕有很多衝突，從激烈的口角到意外的攻擊和可怕的戰鬥。

在第三幕時，萊恩化解了許多衝突（他和上司的關係，以及在偵訊恐怖分子時差一點死掉）。

正當你以為這一集結束了，每一集卻都還有個懸念未解。

雖然每一個史詩般的故事都遵循一個結構，但結構中所含的故事就和古往今來的人一樣多。每個人都有一個故事。你也有一個故事，而且值得被別人聽到。

在下一章中，你會聽到四位企業家只憑一個概念就成立公司的故事，而現在他們的公司市值合計高達3,200億美元。你會看到他們每個人如何學習打造遵循三幕劇結構的原創故事。每一位企業家和領袖都應該學著說吸引人的故事。你的觀眾生來就喜歡聽故事。他們熱愛故事。他們在

等你説一個能激發他們想像力的故事。

8

起源故事

說個有用的故事並不容易。

一旦成功了，故事就給了智人無窮的力量，

因為故事讓數以百萬計的陌生人為了共同的目標合作。

——哈拉瑞（Yuval Noah Harari）

　　說故事是個建立信任的技巧，對人類的發展扮演著重要的角色。

　　哈拉瑞在《人類大歷史》（*Sapiens*）中表示：「沒有信任就不可能進行貿易，而我們非常難信任陌生人。」[1]故事使家庭和團體凝聚在一起，「讓大量的智人具有前所未有的能力彈性合作。所以智人能統治世界。」哈拉瑞說。

　　人類學家表示，當我們的祖先經歷一整天辛苦的狩獵和採集後，在營火前聚集時，他們有八成的時間是花在分享故事。擅長說故事這門藝術的男女，會受到部落的崇敬，而且通常會被視為團隊中的領袖。說故事的人會運用這項技能來贏得信任、影響行為、鼓勵合作，以及根據共同的價值觀建立起強大的文化。

驚人的是，幾乎所有史詩般的故事都遵循約瑟夫．坎貝爾（Joseph Campbell）在《英雄的旅程》（*The Hero's Journey*）中所概述的階段，從最早為人所知的吉爾伽美什（Gilgamesh）的故事，到世界上最受尊崇的品牌背後的創立神話，無一不是如此。坎貝爾是神話學教授，他發現超越時間和文化的英雄故事都遵循一個類似的循環。他稱這個共同的旅程為單一神話（monomyth），這是英雄故事的標準樣板。古文中的英雄會踏上這段旅程，現在電影中的英雄亦然，從《傑克萊恩》到《哈利波特》，從《饑餓遊戲》的凱妮絲艾佛汀到《星際大戰》的路克天行者皆是。

　　坎貝爾並沒有發明這個公式；他是發現這個公式。

　　大部分企業家成功的故事也都完美符合「英雄的旅程」：住在平凡世界中的英雄被召喚展開冒險（可能是一個問題、挑戰或想法）。他們會面對懷疑和質疑他們的人。他們也會遇到指導者，幫助他們面對未知。英雄最終會跨出門檻展開旅程，離開舒適安全的住所去冒險。一路上，他們會遭遇考驗、阻礙、盟友和敵人。他們的處境會越來越艱困。他們會經歷瀕死、墜入深淵、跌入谷底。但是正如坎貝爾說的，英雄正是在這些跌宕中找到寶藏，也就是實現夢想的祕密。在逃離危險後，英雄獲得勝利，而且因為這場經歷而轉變。最重要的是，他們凱旋歸來還會帶著一種「靈丹妙藥」，可能是對他人有幫助的教訓或寶藏。

―――

　　如果你仔細聽像貝佐斯這種技巧純熟的溝通者說話或簡報，就會發現「英雄的旅程」中的所有過程。

　　貝佐斯生於新墨西哥州阿布奎基市非常平凡的地方，母親當年非常年輕，是個高中生。隨著他年紀漸長，貝佐斯會遇到指導者，也就是他的外祖父，教導這位充滿雄心壯志的少年實現追尋目標所需要的價值觀。當貝佐斯知道網際網路一年的成長速度是2,300%時，他彷彿被召喚去冒險。他遭遇的懷疑者是勸他放棄夢想的老闆。貝佐斯跨出門檻，和妻子麥肯琪（McKenzie）坐上車，展開前往西雅圖的旅程。當網路泡沫破滅使亞馬遜的價值一掃而空時，他撐過了這段瀕死的體驗。

　　但在那次磨難中，他想出了讓公司成長的方法（出租雲端服務，以及開放平台給第三方賣家使用）。他甚至帶著「靈丹妙藥」凱旋歸來。在貝佐斯對美國國會委員會的演說中，他最後一句話說：「全世界都會想要喝一口美國的靈丹妙藥，像我父親一樣的移民看得出來這個國家是個寶藏。」

　　說故事不只是我們會做的一件事。我們就是說故事的人。

　　擅長說故事的企業家了解「英雄的旅程」，但是他們不覺得有必要經歷每一個階段。坎貝爾發現英雄的旅程有十七個階段。後來在1990年代時，迪士尼的編劇克里斯多

福‧沃格勒（Christopher Vogler）將坎貝爾的公式濃縮成十二個階段，讓好萊塢的電影人更容易遵循。

雖然從編劇到電玩的各種創作都受到英雄的旅程所啟發，但是任何說故事的人都可以調整這個神話結構以符合自己的需要。任何人都可以跳過或重新排列某些階段。如果你的目的是訴說商業故事，一定要記住，不論英雄的旅程經歷多少階段，整個敘事仍是以三幕劇的方式呈現。英雄的旅程將複雜的人物弧線透過三幕劇來表現。

如果你想要借用英雄的旅程中的場景讓你的故事往前進，完全沒有問題。最重要的是要記住，**觀眾熱切地渴望聽故事，而三幕劇結構就是他們熱愛的樣板**。

本章將提供幾個範例，是成功的企業家公開說過的英雄的旅程，用來教育顧客、募集資金、為構想提案、建立信任，以及驚豔觀眾。你將會看到，雖然故事的內容不一樣，但故事的結構仍不變。

小蝦米遇見大鯨魚

第一幕

馬克‧藍道夫（Marc Randolph）和里德‧海斯汀（Reed Hastings）共乘去上班。藍道夫創辦過多間公司，他在路上向海斯汀提案：客製化狗食、客製化洗髮精、個人化沖浪板。海斯汀都一一否決了。除了一個之外。

1997年1月時，海斯汀因為租《阿波羅十三》的錄影帶

逾期歸還，而被百視達（Blockbuster）收取40美元逾期費，這讓他覺得生氣。

他說出自己的想法：「如果沒有逾期罰款該有多好？」[2]

因為這個問題，Netflix的想法就這麼誕生了。但是這兩位創業者展開冒險時，即將面對一些可怕的阻礙以及瀕死的經歷。

第二幕

藍道夫和海斯汀很快就發現，郵寄錄影帶的費用太高。幸好當時有一種叫做DVD的新發明，降低了郵寄費用。1998年5月時，藍道夫和海斯汀推出Netflix，世界第一個線上DVD出租店。

兩年後發生了一場危機。由於Netflix只有30萬訂戶，所以公司開始虧損。光是2000年，公司就虧損了5,700萬美元。由於網路泡沫破滅，其他募資的管道也沒了。所以這兩位創業家放下自尊，安排與百視達會面。

當他們走進百視達寬敞的會議室，準備和執行長約翰‧安提奧科（John Antioco）見面時，海斯汀提醒藍道夫，百視達的規模比Netflix大上一千倍。

海斯汀提案：百視達可以用5,000萬美元買下Netflix，而Netflix可以經營合併後的線上部門。

藍道夫看得出來，安提奧科正努力抑制自己的笑意。這場會議很快就變得不愉快。藍道夫和海斯汀帶著不悅和

煩躁，搭上返回加州的飛機。在他們離開前，藍道夫對海斯汀說：「百視達不要我們。所以我們現在要做的事很明顯，我們要給他們難看。」

這就是小蝦米遇見大鯨魚的時刻。

第三幕

兩位企業家戰勝過於自滿的百視達。百視達的文化並不強調創新，因此無法適應新的消費性娛樂方法——串流影音。另一方面，Netflix已從郵寄DVD業務轉型為網路串流服務，在190個國家共有2億訂戶。Netflix後來也變成世界各地主要的電視節目和電影製作公司。

Netflix的三幕劇故事只要三分鐘就能說完。但這不是完整的故事，差得遠呢。故事還沒說到藍道夫花了好幾個小時，研究一些從來沒成功過的想法。也沒說到公司成立前進行了好幾個月的分析、幾百個小時的討論，以及馬拉松式的會議。

當我前往加州聖塔克魯茲造訪藍道夫時，他說：「整件事是一團混亂，但是如果你告訴人們所有事，他們就會開始恍神。矽谷喜歡很好的起源故事。投資人、董事會成員、記者和大眾都喜歡聽起源故事。這種情緒真實的故事是很棒的優勢。當你設法打敗巨獸時，你創立公司的故事不能是一本長達三百頁的書。必須要用三到五個短段落寫完。海斯汀經常重複述說的起源故事，就是最好的品牌塑造。」[3]

Netflix的起源故事很簡單、清楚且難忘。它捕捉到公司的願景、創新和彈性的精髓。這個故事給了海斯汀和藍道夫一個敘事的內容，多年來他們都用這個內容來說服顧客、投資人與合夥人支持他們的願景。

克服被拒絕一百次的企業家，建立起價值400億美元的品牌

第一幕

在澳洲伯斯念大學時，梅蘭妮‧柏金斯（Melanie Perkins）以教人使用繪圖軟體Photoshop賺取零用錢。她的學生連基本的功能也學不好。這個軟體又貴又難用。2007年時，她忽然有個想法：提供一個對所有人來說都能把設計變得簡單的網路服務。於是Canva就誕生了。

第二幕

Canva總部距離矽谷有千哩之遙。投資人很難前往，因此興趣缺缺。梅蘭妮向一百位投資人提案，但沒有一個人回應。但她可不會輕言放棄。

在一次難忘的活動中，柏金斯學了風箏沖浪，以結識一位潛在資助者。2013年5月時，她受邀在一場比賽中提出她的想法，比賽是由李察‧布蘭森（Richard Branson）贊助，並在英屬維京群島中他的私人小島舉辦，許多投資人都喜歡這個活動。有一天早上她和他們一起出海，但是她

偏離了路徑並且受困，三十呎的風箏也洩了氣。柏金斯等人來救她等了好幾個小時，而且因為撞上珊瑚礁而疼痛不已，但她一直提醒自己冒這個險是值得的——只要有人投資，就能為她六年前成立的公司帶來成長。

柏金斯經常說起風箏衝浪的故事，反映著她的膽識與堅持的核心價值，讓我們知道是什麼在激勵著她（故事中的女英雄）。這也是敘事中間的「玩樂時光」。

第三幕

柏金斯的奮鬥在第三幕時找到了解決之道，她發現投資人不願意投資她的新創公司是因為他們不了解公司存在的原因。柏金斯的提案被拒絕超過一百次，因為她花了太多時間在解釋Canva如何使用，而不是解釋她為什麼有這個想法。她的故事沒有第一幕。當柏金斯開始分享她想法的起源，也就是創作者對現有設計工具感到挫折，這時情況就改變了。柏金斯告訴我：「很多人都有被Photoshop或設計工具搞得很煩的經驗。告訴別人這段故事變得非常重要，尤其是告訴投資人。因為如果他們不了解問題，就不會了解為什麼顧客需要我們的解決方案。這個故事改變了情況。」[4]

在讓設計變得普及的使命與重新發想提案的推動下，柏金斯說服投資人支持她的構想。演員伍迪‧哈里遜（Woody Harrelson）和歐文‧威爾森（Owen Wilson）成了熱切的支持者，還包括前蘋果品牌傳教士蓋伊‧川崎（Guy

Kawasaki）。2019年時，一筆8,500萬美元的投資把Canva的市值推上了32億美元。而這只是開始。2021年一筆2億美元的高額投資，使Canva的市值站上400億美元。現在柏金斯擁有全球市值最大的女性創立、女性經營的新創公司，全世界190個國家共有超過5千萬名經常使用者。柏金斯實現了她的任務，讓世人能輕鬆使用設計軟體。

旅遊業的革命

第一幕

布萊恩‧切斯基（Brian Chesky）和喬‧傑比亞（Joe Gebbia）是設計學院的同學，他們在想辦法支付舊金山貴得令人破產的公寓房租。2007年時，他們看到一個機會。一個國際設計會議將在舊金山舉辦，每一間飯店都被預訂一空。他們很快就建立了一個網站，希望能將他們公寓裡的氣墊床租給出席會議的人。有三位設計師決定租用他們的床。

當切斯基和傑比亞說出他們在做的事，這三位設計師都認為這主意瘋了。他們說：「陌生人才不會去住別人家」。但是第一個週末時發生了一件意想不到的事。切斯基和傑比亞把外地來的客人當成老朋友一般來對待，介紹他們認識舊金山獨特的地方。如果他們住在舊金山的旅館，就絕對不會有這樣的體驗。他們來到舊金山時是外地人，離開時卻感覺自己像本地人。

這次的經驗也讓切斯基和傑比亞有種很特別的感覺。Airbnb的想法於是誕生了。

第二幕

軟體工程師奈特·布雷查克（Nate Blecharczyk）加入切斯基和傑比亞的行列，開始設計一個平台。但是這三位創辦人面臨一個最大的問題：該如何讓人願意去住別人家？關鍵在於信任。他們設計的解決之道結合了屋主與客人的個人檔案、整合式訊息、雙向評價，以及透過令人信任的科技平台確保支付的安全。他們的想法最終讓全世界的人都能接待客人，這是始料未及的結果。

第三幕

分享自己的公寓或房屋，現在看起來沒那麼瘋狂了。超過400萬名屋主現在提供各種類型的住所，從他們家的一個房間到整間豪華的別墅，從一個晚上到一次包下好幾個月都有。Airbnb在全世界超過220個國家和地區，接待過超過8億2,500萬個客人，賺取總計1,100億美元。

Airbnb讓全世界的人能分享自己的家，並創造新的旅行方式。人們可以不只是像個觀光客、外地人，Airbnb的使用者可以住在當地人的家、享受獨特的體驗、過著當地人的生活，跟全世界十萬個城市的人相處。

Airbnb改變了全世界的旅行住宿方式，也改變了創辦者的人生。現在他們三人的身價總計300億美元。

Airbnb的共同創辦人兼執行長切斯基是很會說故事的人。我曾在舊金山北邊一個高級度假區舉辦的創投活動中發表過演說，切斯基也是演講者之一。他說到「英雄的旅程」以及Airbnb如何幫助人們寫下自己的故事。創投公司安德里森·霍羅維茲（Andreessen Horowitz）的合夥人傑夫·喬丹（Jeff Jordan）記得，他第一次聽到Airbnb時，認為這是「最蠢的主意」。但那時他還沒見過切斯基，切斯基後來用Airbnb的故事以及一個難忘的類比，深深吸引著喬丹。切斯基的類比就是：Airbnb是居住空間的市場，就像eBay是商品的市場一樣。

喬丹說：「我在二十九分鐘內，從完全不相信到完全相信。每個了不起的創業者都可以說一個好故事。」

切斯基以敘事方式所做的提案令喬丹驚豔不已。切斯基具有編織新創公司故事的能力，這個戲劇性的弧線有開頭、中間和結尾。他的故事也有高低起伏、有緊張和紓緩，還有一個引人入勝的願景把所有劇情串在一起。Airbnb在2020年12月上市時，切斯基的故事有了回報。Airbnb現在於全球200多個國家營運，淨值約150億美元，切斯基不必再擔心這個月的房租繳不出來了。

100字的起源故事

公司的起源故事應要遵守三幕劇的結構，但未必要寫得很長。舉例來說，一群創業家想要顛覆傳統的眼鏡產

業，於是在2010年成立了Warby Parker。向他們訂購眼鏡，眼鏡盒裡會附上拭鏡布。拭鏡布上面沒有公司的商標，而是寫著公司的故事。這個故事能寫在拭鏡布上，因為它不到100個字：

　　很久以前，一位年輕人的眼鏡掉在飛機上。他想買新眼鏡但覺得太貴了。他想：「為什麼一定要花大錢才能買到時尚的眼鏡？」他回到學校告訴朋友，其中一人說：「我們應該開一間公司，賣便宜又超讚的眼鏡。」另一人說：「我們應該把買眼鏡變得有趣。」第三個人說：「我們每賣出一副眼鏡，就送一副眼鏡給需要的人。」靈光乍現！Warby Parker就這麼誕生了。[5]

　　第一幕是布局。英雄忘了把眼鏡帶下飛機。
　　第二幕是衝突、問題。英雄發現買新眼鏡很貴。所以他展開追尋以解決問題，並且吸引其他人加入冒險。
　　第三幕是解決之道。英雄和盟友成立公司，讓買眼鏡變得有趣又不昂貴，也讓世界變得更好。
　　讀完Warby Parker歷史所需的時間，「比洗一個盤子、擦掉眼鏡上的汙漬，或是細嚼慢嚥吃掉六根小紅蘿蔔條的時間還要短。」[6]
　　如果你瀏覽Warby Parker的網站，會發現那個故事的加長版，內容附上了更多細節以及解釋。舉例來說，忘了帶走眼鏡的創辦人尼爾・布魯門索（Neil Blumenthal）念研究

所第一個學期時沒戴眼鏡，他一直「瞇著眼睛和抱怨」。其他共同創辦人也有類似的經驗，非常驚訝竟然要花一筆不小的錢才能買到好看的鏡框。故事繼續解釋為什麼眼鏡的售價會這麼高。故事還包括有關「買一副、送一副」計畫的資訊，贈送免費的眼鏡給需要的人。這些細節很有趣，但不是每個觀眾都需要知道。對大部分的顧客來說，100個字就足以建立起信任。

訓練方法

打造你的起源故事。每一個新創公司都有一個起源故事。每一間公司都有一個起源故事。你的起源是什麼？什麼人、事或事件，觸發你的遠大構想？用三幕劇來說出這個故事：

· 第一幕告訴我們，你在踏上冒險旅程前的人生。是什麼問題或事件激發你的想法？
· 第二幕談談你面臨的挑戰。哪些事情阻礙了你追尋想要的寶藏？提醒你的觀眾，你差一點就失敗了，以創造張力。
· 第三幕揭曉解決之道。你如何克服這些障礙，以

及你如何逆轉勝？你學到什麼教訓？這場經歷如何把你、公司和這個世界變得更好？

觀眾要的是一個包裝得漂亮的起源故事，而你正好有一個可以告訴他們。

你有故事要說，這個故事是你獨有的，而且反映出你的價值觀。盡可能多和人分享你的故事。別預設立場認為顧客、投資人、員工或合夥人會知道你公司的故事。你可能會因為說過很多次而覺得很煩了，但是別人想聽。

說故事這件事深植於亞馬遜的文化中。在下一章中，你將學到貝佐斯如何將敘事轉變為亞馬遜的競爭優勢，展開公司史上最有創意的一段時間。

9
讓敘事資訊倍增

這是你們遇過最奇怪的會議文化。

——貝佐斯

2004年6月9日星期三，當天在亞馬遜工作的每位高階主管都記得，在下午6點02分收到的電子郵件。

許多亞馬遜人都在享受高於均溫的夏日。氣溫是華氏76度，而且當雷尼爾山壯麗的頂峰清晰可見時，西雅圖人就會說「山露臉了」。西雅圖的夏日很短，居民都很期待晚上9點才日落的日子。

然後電子郵件就來了。

幫老闆寄出郵件的高階經理人科林·布萊爾說這封郵件的內容「簡單、直接又震撼」。郵件的主旨如下：

S團隊即日起停止使用PowerPoint簡報。

幾位高階主管當時正在為下週二會議要用的PowerPoint

做最後的修飾，這封電子郵件猶如一陣冷風吹來，毀了他們的溫暖夏夜。布萊爾接了好幾通恐慌的電話，更收到如洪水般湧入的電子郵件。

其他高階主管問：「你在開玩笑嗎？」不，他不是在開玩笑。

貝佐斯禁止在亞馬遜高階主管會議上使用PowerPoint。已經在規劃下次會議的團隊成員仍可使用，他們只是要改變一件事：把PowerPoint投影片換成一份短敘事備忘錄（narrative memos）。

這不是開玩笑的。

傑夫的影子

布萊爾是第二位被稱為「傑夫的影子」（Jeff's shadow）的人，在他之前是十七年後成為亞馬遜執行長的安迪·傑西。「傑夫的影子」正式的職務是技術顧問，這個角色類似於總統的白宮幕僚長。如果你看過影集《白宮風雲》就會知道，想要和總統談話必須先經過幕僚長。想要見貝佐斯的團隊必須先和布萊爾排時間，他就會幫他們安排與老闆談話。

當貝佐斯請布萊爾擔任他的技術助理時，布萊爾說他需要一個週末的時間考慮。他心裡想著會面臨的挑戰：我不會有自己的時間、一天要見五到七個團隊、一天有十個小時要和老闆在一起、老闆會要我馬上提出想法。

這份工作的要求有很多，但福利也會很好。貝佐斯是在給布萊爾機會學習更多東西，這是他無法想像的。布萊爾將能近距離觀察史上最有遠見的企業領袖之一。他將看到貝佐斯在一天內所做的重大決策，比一般專業人士工作一輩子做的決策還要多。

布萊爾同意了，接下來兩年他都緊跟著貝佐斯。

在這段期間，敘事備忘錄實現了Amazon Prime、亞馬遜網路服務、Kindle、亞馬遜物流，以及許多其他影響你每日生活的功能、產品和服務。

敘事對亞馬遜的重要性，就如引擎對法拉利的重要性。我們當然是一眼就能認出法拉利，但是法拉利特別之處在於引擎蓋的下面。敘事寫作並不是亞馬遜成長的唯一原因，卻是亞馬遜創新的引擎。

改變一切的文章

為什麼貝佐斯覺得非常有必要棄用PowerPoint這個非常普遍的溝通工具？貝佐斯在搭飛機出差時攜帶的一份三十頁的文件，給了他一個靈感。當時布萊爾就坐在貝佐斯旁邊，他也在讀同一篇文章。兩人都在設法改善高階經理人會議的決策方式。他們在E.T.的作品中找到答案。不是電影《E.T.外星人》，而是一位耶魯大學教授，他提出一個世人難以理解的論點。

資料視覺化領域的先驅愛德華・塔夫特（Edward

Tufte）在《PowerPoint的認知風格》（*The Cognitive Style of PowerPoint*）中指出，傳統帶有項目符號（bullet）的投影片「通常會弱化語言和空間的推理，而且幾乎總是會破壞統計分析。」[1]塔夫特的批評就出現在第一段，而且整篇文章越批評越狠毒。

塔夫特寫道：「在日常使用時，PowerPoint範本能幫助拙劣、組織極雜亂的演說者把內容組織起來，將整體簡報改善約10%到20%，但是付出的代價是對智力造成80%的傷害。如果簡報內容是統計資料，損害程度更是達到癡呆的程度。」根據塔夫特的說法：「PowerPoint讓演講者假裝自己真的在說話，讓聽眾假裝自己在聽演講。」

塔夫特向讀者提出挑戰，他要讀者想像一種昂貴且被廣為使用的藥物，這種藥物聲稱可以讓人們變美。「但是這種藥經常造成嚴重的副作用：令人變笨、降低我們的溝通品質與可信度、把人變得無聊、浪費同事的時間。以這些副作用和產生令人不滿意的成本效益率來看，這種產品絕對會馬上在全球市場中被召回。」

塔夫特真的很討厭PowerPoint。是這樣的嗎？

我仔細研究過2004年貝佐斯和布萊爾在飛機上讀的那一篇報告，就是那篇文章觸發了亞馬遜的重大變革，後來其他公司也採用亞馬遜的敘事策略。由於許多前亞馬遜人都承認，他們明目張膽地在自己的新創公司採用亞馬遜的六頁敘事，所以我覺得值得深究塔夫特對PowerPoint的分析，以及他認為PowerPoint的限制在哪裡。

塔夫特的批評指的是典型的PowerPoint簡報，這種簡報用文字片段和條列項目來取代句子和段落。塔夫特說：「拿掉了條列項目之間的敘事內容後，這些條列項目忽略且隱藏了因果假設與推理的分析結構。」條列項目是簡報者用短句來壓縮語言的方式。塔夫特寫道，條列式大綱「可能偶爾會很好用，但是有主詞和動詞的句子通常比較好。」

塔夫特相信，條列式大綱被不對的人使用可能會致人於死。他以2003年哥倫比亞號（Columbia）太空梭災難的最終報告，來佐證他的觀點。這架太空梭以十八倍音速的速度，於重返地球大氣層時解體。機上七名太空人全數遇難。

在哥倫比亞號升空兩週前，用來隔絕外部燃料箱的一片泡棉已脫落，且左機翼的邊緣被撞到了。機翼的破洞當時未被偵測到，導致太空梭無法承受重返大氣層時的極高溫度。

美國航太總署（NASA）官員在哥倫比亞號升空八十二秒後，在影片中看到小塊泡棉的碎片。他們要求波音（Boeing）負責設計與建造太空梭的工程師評估損壞情況。工程師很快就準備了三份PowerPoint報告，總計二十八張投影片。

塔夫特分析其中一張投影片時說，這是「官僚制度過度理性的PowerPoint慶典」（a PowerPoint festival of bureaucratic hyper-rationalism）。投影片上有六個不同層級

的項目，每個項目符號後面都是一個短句（參閱下圖）。

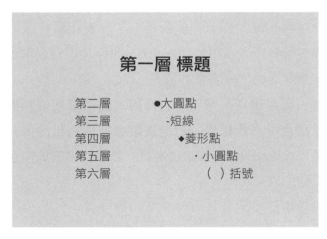

圖9.1 官僚制度過度理性的PowerPoint樣式

投影片的標題描述得很樂觀，而航太總署的官員必須決定要採取什麼行動。層級較低的資料以小字體顯示，而且被蓋在太空梭圖案下方。工程師條列的文字都是短句，以配合投影片的資料格式。在沒有完整句子的情況下，條列式的碎片使得資訊真正的意義變得模糊。

「航太總署的官員對於報告說哥倫比亞號沒有實質的危險感到滿意，於是決定不用再次評估威脅。」塔夫特寫道。

雖然波音工程師試著說出當時實際情況的故事，但**PowerPoint並不是說故事的工具。**

在哥倫比亞號太空梭事故調查委員會的最終報告中，

委員會達成以下結論：「PowerPoint普遍的使用，顯示了技術性溝通方法的問題……由於資訊以分層的條列式傳遞，重要的解釋和支持的資訊被篩選掉了。在這個情況下，不難理解高階經理人在讀這份PowerPoint時，沒有發現這是在說明一個會造成性命威脅的情況。」

這份調查讓塔夫特相信，**條列式的清單把資訊拆解成碎片以配合投影片樣板，這對決策會造成真正的傷害**。塔夫特說：「PowerPoint不適合嚴肅的簡報。重要的問題需要用嚴肅的工具來解決。」

貝佐斯仔細思考塔夫特文章的每一頁。他發現塔夫特找到了更好的替代方案，一種分享資訊的「新」方法，可以回溯到五千年前——用完整的句子和段落來表達一個想法。塔夫特建議：「用紙本文件取代PowerPoint，把文字、數字、資料、圖表和影像放在一起呈現。」

貝佐斯解釋這個改革的原因：「寫一份好的四頁備忘錄比製作一份二十頁的PowerPoint更難的原因在於，好備忘錄的敘事結構會強迫寫作者更深入思考並更深入理解什麼事比較重要，以及事物之間的關聯為何。PowerPoint式的簡報某種程度上會讓人略過想法，使相對重要的事顯得不重要，並忽略各想法之間的關聯。」[2]

善意從來就沒有用，好的制度才有用

言簡意賅的貝佐斯用語中，有一句已經變成了亞馬遜

語彙的一部分，那就是：「善意從來就沒有用，想要做好任何事就需要好的制度。」（Good intentions never work, you need good mechanisms to make anything happen.）

現在亞馬遜很多人會說這句話，但是其實還有一個比較長的版本，是貝佐斯在2008年2月的全員會議上說過的。貝佐斯說：「通常當我們發現一個問題總是一再發生，我們會把團隊找來，請他們再努力一點、做得更好──其實我們是在請他們抱持善意盡全力。這麼做幾乎沒有用。當你請別人展現善意，這並不是在請他們改善，因為他們本來就意圖良善。既然善意沒有用，那什麼才會有用？制度。」[3]

制度是一個可以重複的程序，這個工具與亞馬遜的「領導者原則」（Leadership Principles）的行動與決策一致。若要讓制度恰當運作，就必須引入、採用並稽核，以確保運作情況符合預期。舉例來說，前面提到的「兩個披薩團隊」和「單一執行緒領導者」，都是制度的例子。另一個因為挫敗而在亞馬遜產生的制度，現在被認為造就了亞馬遜許多了不起的創新。這個制度就是「敘事」。

「敘事」就是一份把想法說清楚的文件。敘事有不同的形式。貝佐斯在亞馬遜常使用的兩個主要形式，就是本章和下一章的主題。任何人都可以用這兩個形式來提升自己的溝通品質：**六頁的文件以及新聞稿／常見問與答**（PR/FAQ）。

敘事寫作的過程可以幫助你提煉、釐清並且連貫地說

出你的想法。最棒的是，任何人都能做得到。

布萊爾回憶亞馬遜第一次嘗試撰寫敘事時，結果「簡直可笑」。高階主管覺得自己不會用四張白紙來解釋自己的想法，所以他們就不理會寫作指南的規則，然後交出了四十頁的報告。當他們被告知必須遵守指南的規定時，他們就想辦法規避規定，如調整行距、縮小邊緣、用較小字體。雖然這麼做很聰明，但是效果不佳。貝佐斯很快就發現了。

貝佐斯和高階經理人最後決定，最多六頁的備忘錄能符合能他們的需要。相關細節可以用附錄的方式附上，但是備忘錄本身不能超過六頁。這提出一件重要的事。**一個以敘事為結構的備忘錄應該足以表達想法——不需再多寫一句話**。如果兩頁就足以表達一個想法，那就寫兩頁就好。

不論是兩頁或六頁，都能達到相同的目的——**迫使簡報者釐清他們的想法**。撰寫有標題、副標題、句子、動詞、名詞和段落的敘事備忘錄，比用條列項目撰寫投影片來得更難。布萊爾說，敘事會強迫「寫作者更深度思考和組織資訊，比PowerPoint更有用。把想法寫下來會更有條理，尤其是當寫作者的整個團隊都收到備忘錄並提供回饋之後更是如此。把所有相關的事實和重要的論點寫成一篇連貫、讓人能理解的文件，是一項艱鉅的任務——的確應該是這樣。」[4]

儘管沒有正式的敘事寫作範例能讓貝佐斯感到滿意，

但的確有經證實有效的策略幫助你寫出令人滿意的敘事。

你可以採用並調整以下策略。記住，從2004年以來，亞馬遜的重大創新方案背後都經過敘事的過程——這些重大創新的成功帶動了亞馬遜的成長，並使貝佐斯成為全球首屈一指的富豪。這個方法對他有效，對你也會有用。

寫出好敘事的五大策略

1.把焦點放在敘事，而不是「六頁」

採用亞馬遜的六頁敘事方法並從中獲益的關鍵在於，把焦點放在對的地方：敘事。貝佐斯說，以敘事來架構的備忘錄需要「主旨句、動詞和名詞，而不只是條列項目。」

「六頁」是一個獨特的形式，以符合亞馬遜高階經理人會議決策流程的需要。即使是亞馬遜也沒有規定敘事備忘錄必須寫滿六頁。任何文字溝通，不論是電子郵件或內部備忘錄，內容都不應該過長。很多情況下，備忘錄寫一頁就夠了。我們就一起來看看寶僑（Procter & Gamble）的例子。

你可能不知道李察・杜普利（Richard Deupree）這個名字，但你很熟悉他發明的電視節目類型：肥皂劇。

在1930年代擔任寶僑的執行長時，杜普利不理會在大蕭條期間要刪減行銷支出的呼聲。正好相反，他加倍投資於一個新的媒體——廣播。燈泡的發明已經讓公司的蠟燭

銷售量下滑，所以他把焦點放在提升另一個受歡迎產品的銷售——肥皂。杜普利贊助日間連續劇節目，為數以百萬計失業的美國人提供暫時的娛樂。寶僑利用這個平台來推升象牙肥皂（Ivory soap）的銷售——因此「肥皂劇」就這麼誕生了。

杜普利也向寶僑的管理團隊介紹「一頁備忘錄」。管理專家湯姆‧彼得斯（Tom Peters）說：「杜普利非常不喜歡任何打字超過一頁的備忘錄。他通常會退回這種冗長的備忘錄並命令對方：『濃縮成我能馬上看得懂的東西』。如果備忘錄是有關複雜的情況，他有時候還會說：『我不懂複雜的問題。我只懂簡單的問題。』曾經有人在採訪他時問他這件事，他的解釋是：『我的工作有一部分是在訓練員工把複雜的問題拆解成一連串簡單的問題。這樣我們都能採取明智的行動』。」[5]

的確，簡化的能力可以改變所有事。那麼寶僑是如何訓練員工以符合老闆這麼明確的標準呢？在寶僑，撰寫一頁備忘錄的過程包括五個元素。這是一個很容易遵循的格式，下表是針對每個元素的解釋：

表9.1　寶僑的一頁備忘錄元素[6]

元素	說明	例子
概念摘要	用一句話概述你的提議。請參閱第4章介紹的大綱，用一句話表達你的中心思想。	「寶僑善舉每一天」（P&G Good Everyday）是新的消費者獎勵方案，以我們值得信賴的品牌，把日常行動變成你的、家庭的、社區的和世界的善舉。

元素	說明	例子
觀點	介紹事實、趨勢和問題的情況摘要	寶僑超過一百八十年來不斷帶來正面的影響。我們的家用產品品牌家族,一直以來致力於做對的事:對社區帶來正面的影響、支持性別平等、推動多元和包容,以及提升世界環境永續性。
怎麼做	詳細解釋你的提案細節。人、事、時、地、方法為何?	「寶僑善舉每一天」是一個回饋方案,讓每個人都能影響世界
主要優勢	杜普利希望簡報者說出他們想法的三個優勢,理想的情況下,這三個優勢會對公司具有策略與獲利價值。有關這個強大的溝通策略詳細資訊,請參閱第16章「三的法則」。	加入「寶僑善舉每一天」獎勵方案,在網站上採取簡單的行動,寶僑就會捐款給你所選擇的慈善機構,讓你可以影響世界。參加問答、回答問卷或掃描收據就能獲得獎勵,寶僑就會自動捐款,你完全不必支出一毛錢。
下一步	應該由誰、何時來採取哪些行動?	我們可以一起成就更多。「寶僑善舉每一天」計畫結合了你想行善的願望以及寶僑想為世界付出的努力。若你想參與,請瀏覽「寶僑善舉每一天」網站。

　　這個一頁式架構深植於寶僑的文化中,至今仍是電子郵件、備忘錄、業務與行銷提案,甚至是公司電視廣告的藍圖。

2.使用標題和副標即可

　　我們再回到塔夫特的文章,他說:「科學家和工程

師——還有相關的其他人——幾百年來一直在針對複雜的問題進行交流，而沒有使用條列項目。」

塔夫特提醒我們，知名物理學家理察・費曼（Richard Feynman）寫過一本六百頁的書，內容是複雜的主題，如熱力學和量子行為，而他的書只有兩個層級：標題和副標。

比爾・蓋茲（Bill Gates）說：「理察・費曼是卓越的科學家，但更重要的是，他是很棒的老師。他可以用對任何人來說都很好玩又有趣的方式來解釋事情。只有他有辦法把量子物理學解釋得很清楚。用簡單的概念來解釋對大部分人來說有點神祕的東西，這就是典型的費曼。」[7]

費曼在參與1986年挑戰者號（Challenger）太空梭失事調查委員會時，體驗到「項目符號」這個東西。費曼寫道：「然後我們學到了項目符號——摘要事物的短句前面的小黑點。在我們的簡介手冊和幻燈片裡，有一大堆該死的項目符號。」[8]

費曼的示範方式現在已遠近馳名，他的示範說明了1986年挑戰者號太空梭爆炸的原因。他不需要使用幻燈片或項目符號來呈現有說服力的論點。一杯冰水的說明效果比PowerPoint好得太多了。在一個後來被稱為「O形環冰水示範」中，這位諾貝爾物理學獎得主證明了他的理論：升空當天晚上的低溫使火箭推進器裡的橡膠O形密封環變得較沒彈性，導致太空梭在升空七十三秒後爆炸。

在一場擠滿了媒體的聽證會上，物理學家兼表演者費曼拿了一個橡膠O形環當樣本，將其放進冰水裡。橡膠在冰

水中變得僵硬，顯示橡膠在低溫下無法適當地密封，正如升空那天早上那個O形環無法密封一樣。

費曼承認，在聽證會的前一天晚上，他原本不願意做這個示範。他覺得：「不行，那樣有點蠢。」[9]但後來費曼回想起他欽佩的物理學家們的「膽識和幽默感」。當其他人都試圖讓資訊變得複雜時，他的偶像們則是簡單地傳達資訊。當時其他受邀為挑戰者號失事提供解釋的人，帶了好幾個資料夾，裡面有圖表、幻燈片，以及充滿項目符號的文件。當時的報紙頭條新聞寫著，費曼的簡單示範「震驚了委員會」。

費曼是一位天才，是與愛因斯坦、伽利略和牛頓齊名的科學家。費曼贏得「偉大的解說者」的名聲，是因為他將複雜的主題翻譯成樸實、簡單的用語。費曼把一種學習新事物的方法變得普及：**用你自己的話把一個概念寫在紙上，向別人解釋某個主題**。用名詞加動詞組成完整的句子寫下你的解釋，而不是用項目符號。費曼曾說：「你可以從美與簡單中看出真理。」

3.別操之過急

你應該還記得第6章中的類比，貝佐斯曾把寫作比喻為學倒立。看來簡單但其實要花上數週，甚至是數月的練習。相同的訣竅適用於敘事結構的備忘錄，好的寫作能力需要時間。別期望能一夜之間就變成專家，要給自己足夠的時間（如果可以的話）來修飾你的創作。

敍事是急不來的，因為清晰的寫作能力反映出清晰的思考能力。敍事寫作者最大的錯誤，就是沒有花足夠的時間在寫作這件事上。根據貝佐斯的說法，如果你花時間將寫作臻至完美，你的想法就會非常傑出、經過深思熟慮，而且就像「天使唱歌一樣清晰」。這是世界上最棒的讚美了。

4.合作溝通

　　亞馬遜的傳統是交出六頁不具名的簡報。這麼做所傳遞出來的訊息是，好的寫作是團隊合作，而且沒有一個人是單獨負責撰寫文件的。

　　貝佐斯在2017年的致股東信中寫道：「很難說清楚一份好的備忘錄應有的所有條件。但是我發現，通常讀者對好的備忘錄的反應都很類似。他們一看到就知道好不好。雖然很難形容，但的確是有標準的，而且是真實的。」[10]

　　雖然很難描述什麼是好的寫作，但貝佐斯說，團隊合作能提升一份文件的品質。你必須是技巧純熟的作家才能寫出世界級的備忘錄嗎？貝佐斯說：「我認為並非如此」，只要你們團隊合作就好。他還說：「美式足球教練不需要會傳球，電影導演不需要會演戲。但是他們都必須看得出來這些事的高標準在哪裡，並能教授如何達到標準。即使是寫一份六頁的備忘錄也是團隊合作。團隊中必須有人具有寫作技巧，但不一定是你。」貝佐斯沒有說的是，如果你就是團隊中最佳的寫手，那麼大家都會希望你

加入他們的團隊。

在亞馬遜工作十三年的布雷德・波特（Brad Porter）說：「寫一份好的六頁敘事而且還要提供證據，這是很不容易的事。」[11]身為極少數「卓越工程師」之一的波特，他負責的工作是讓像是Prime Now這種龐大專案的開發加快速度。Prime Now是亞馬遜超快速到貨服務，讓顧客下訂一小時後就收到貨。

波特說：「精準很重要。把一個複雜的業務摘要成六頁的報告很不容易，所以團隊會花好幾個小時準備文件以供審閱。但是準備文件其實是在做兩件事。第一，團隊要能寫出文件，就必須真的深入了解他們的領域、收集資料、了解運作的原則，還要能清楚地溝通這些內容。第二，讓高階經理人把這個他們還不熟悉的新領域，在讀完三十分鐘後就能完全理解內化。」

5.自修室時間

在亞馬遜的會議上，與會者在進入會議室時才會拿到文件，文件不會提早交給他們。然後與會者要安靜閱讀文件內容。如果與會者在外地，他們可以在電腦上讀這份文件，但是理想的情況下是所有人在同一個會議室裡讀文件。貝佐斯把安靜閱讀文件的時間稱為「自修室」（study hall）時間。

微軟也採用亞馬遜的敘事概念，將文件上傳至一個像SharePoint這樣的共用平台，讀者可以即時分享他們的評

論。使用這個方法，每個人可以看到彼此的評論。當有人支持一個論點時，就可以寫「+1」，意思就是「我同意」。稍後你就會知道為什麼亞馬遜的敘事會被微軟採用了。

不論文件的形式是紙本或線上文件，沒有參與寫備忘錄的人就不應該提前看到內容。

許多年來，剛進入亞馬遜的人都被會議剛開始二十分鐘「詭異的寂靜」嚇到。在互相寒暄後，會議室陷入沉默，每個人都在讀備忘錄。一般人閱讀速度是三分鐘一頁，而六頁的備忘錄需要大約十八到二十分鐘。如果會議時間是一小時的話，剩下的四十分鐘是討論時間。

亞馬遜人會根據會議的類型來調整備忘錄的長度和討論的時間。假設你出席一場預定為三十分鐘的會議。在簡單寒暄一、兩分鐘後，你和其他同事坐下來安靜讀完兩頁的備忘錄。又過了大約六分鐘後，大家讀完內容抬起頭來，剩下二十分鐘可以討論你們的想法、挑戰備忘錄裡的論點、質疑策略、提供回饋、提出問題以及決定接下來要怎麼做。

我要聲明一件事，如果你出席貝佐斯也在場的會議，他很有可能是最後一個讀完的人。貝佐斯有個很奇特的能力，就是他能得出在場所有人都想不出來的深入洞見。布萊爾說：「他會假設每一句話都是錯的，直到他能證明是對的。他會挑戰句子的內容，而不是質疑寫作者本人。」[12]

聽起來壓力還真不小，根據經歷過敘事會議的亞馬遜

人的説法，壓力真的很大。傑西・費里曼（Jesse Freeman）是在亞馬遜待了五年的開發人員，他說準備敘事備忘錄是他的工作中最具有挑戰性與最高壓的部分。他回憶道：「感覺好像在寫碩士論文。」[13]但是費里曼在離職後仍繼續使用這個方法。撰寫敘事就是「組織想法然後和別人分享最有效的辦法之一」。

訓練方法

先寫敘事，再製作投影片。雖然亞馬遜的會議上禁用PowerPoint，但亞馬遜高階經理人仍會使用PowerPoint向顧客、合夥人和外部的觀眾做報告。但PowerPoint並非說故事的工具，項目符號的條列式也不是故事。請試著撰寫敘事來打造一個故事。敘事結構需要一個主題、標題和副標，以及有主詞、動詞和受詞的完整句子。先試著寫出你想傳達的故事，然後再開始製作投影片。**PowerPoint不會說故事，而是用來補充說明故事。**

敍事的優點不容忽視

全食超市共同創辦人暨執行長約翰·麥奇（John Mackey）說，亞馬遜的六頁敍事是「成果豐碩的對話的開始」。亞馬遜於2017年以130億美元買下這間天然食品雜貨連鎖超市。麥奇告訴我，當他第一次在亞馬遜接觸到六頁敍事時，他「欣然接受」，並把這個規定帶到全食超市。

麥奇說：「這是合併案的正向結果之一。在全食超市，我們依直覺行事，而亞馬遜則是讓資料來引導他們。我相信我們因為這個努力而受惠。亞馬遜並沒有命令全食超市使用不同的文化，而是我們使用他們的一些程序，來改善我們的高品質天然食品運送業務，並且從中受惠。就這一點來說，這是非常棒的結合。」[14]

不是只有麥奇這麼覺得。前亞馬遜人以及曾和亞馬遜合作的公司，也都採用這個敍事的流程。

我們已經聽過亞當·賽利普斯基說：「我公然竊取自亞馬遜的東西之一就是敍事。」[15]賽利普斯基在2005年進入亞馬遜，在接下來的十一年裡，參與並準備S團隊會議的六頁敍事。其中一份六頁敍事催生了亞馬遜的雲端部門，亦即亞馬遜網路服務。2021年時，賽利普斯基已離開亞馬遜五年，但又回去管理亞馬遜網路服務部，這個部門一年為公司帶來500億美元的營收，而且在雲端市場的市占率高達47%。

賽利普斯基承認，敍事工具一開始看起來「很怪」，

但是優點實在太好以至於不容忽視。

———

亞馬遜的前主管羅尼・柯哈威（Ronny Kohavi）說：「試試看吧。」

你可能不認識柯哈威，但他的工作成果認識你。他為亞馬遜、微軟和Airbnb開發的工具，可能比你還了解你的習慣。

柯哈威是人工智慧和機器學習領域最有影響力的學者。微軟14萬名員工中只有40人是技術研究員（Technical Fellow），柯哈威就是其中之一，這群人被稱為公司的「大腦」。

在進入微軟之前，柯哈威原本在亞馬遜帶領資料探勘和個人化部門。他將想法變成年收數億美元的功能。柯哈威解釋道，資料探勘對他來說有如「使用機器學習等工具來發崛資料中新的模式。我們（資料探勘專家）透過資料探勘來幫助企業做出更精確的預測，並為每一位顧客提供個人化的體驗。[16]」

當你瀏覽亞馬遜的首頁時，會看到自己的名字還有推薦給你購買的商品、觀賞的節目或是可以做的事。這就是個人化。當你想吃披薩然後在Google或Bing搜尋引擎輸入你的所在地，它就會提供你所在地附近的披薩店。這就是個人化。當你登入Netflix帳號，它會推薦電影給你。這就是個

人化。假設你的朋友或家人瀏覽自己的個人資料，這時
Netflix就會根據他們以前看過的影片、搜尋過的資料、他們
某個節目看了多久，以及許多其他個人資料，來提供不同
的推薦內容。如果你覺得它真的很了解你，那是因為它真
的就是很了解你。這個領域已變成「一對一」的個人化。

你可以這樣想：當你走進一間實體零售商店，店內不
會依照你的喜好或個人購物史來陳設商品。但是當你一進
入線上零售店，商品就會立即重新擺設。網站或行動應用
程式會預測你在找的東西，並且請你看看有哪些你沒考慮
過的選擇。

諸如柯哈威這樣的專家，就是這種個人化數位體驗背
後的推手。正好他就是最厲害的人。

亞馬遜2004年宣布S團隊會議禁用PowerPoint時，柯哈
威也是收到那封電子郵件的人。這是擁有機器學習博士學
位的柯哈威第一次接觸到敘事流程。他很快就知道這是一
個「強制函數」（forcing function），這是在挑戰寫作者去
思考清楚該如何表達他們的想法。柯哈威不只是喜歡撰寫
敘事；他後來變成推廣者，把敘事介紹給他後來任職的公
司，微軟。

柯哈威說：「試試看吧，這就是我要說的。我剛加入
微軟時，他們從沒使用過敘事文件。我開始在我的團隊中
這麼做。其他團隊的人出席我們的會議時，很訝異大家沉
默地讀著文件，但是當我們解釋了這個程序時，他們不只
參與這個程序，還把這程序帶進他們的團隊。」

柯哈威說，介紹新的簡報方法很像介紹A/B測試給一個組織。柯哈威在微軟管理一個有110位資料科學家與開發人員的團隊，他們開始進行一些控制實驗（A/B）。他們的研究幫助微軟從一間販賣軟體的公司，轉型成雲端公司。[17]

A/B測試是一個資料驅動的方法，可以快速測試一個構想的潛力。現在從亞馬遜到沃爾瑪，從微軟到LinkedIn，全都使用A/B測試來找出能創造營收的功能，或改善顧客滿意度的方法（這麼做可以提高「顧客終生價值」，這是衡量企業成功與否的重要指標）。

貝佐斯在2013年的致股東信中宣揚實驗的價值。他寫道：「我們有自己的內部實驗平台Weblab，可用來評估網站和產品的改善情況。2013年時，我們在全球共有1,976個Weblab，比2011年時的546個還要多。最近成功的一個新功能是產品頁上的『詢問賣家』……顧客可以在產品頁面上提出有關產品的任何問題。這個產品是否和我的電視／音響／電腦相容？是否容易組裝？電池續航力多久？然後我們再將這些問題轉給產品的賣家。而且和評價一樣，他們很樂於分享所知，直接幫助其他顧客。」[18]

柯哈威說這個看似小小的改變，卻能提升上千萬營收。柯哈威在微軟所做的一項測試中，資料顯示網站載入速度改善100毫秒能多創造1,800萬的額外收益。「舉例來說，亞馬遜的實驗表明，將信用卡優惠從首頁移至購物車頁面，每年能增加數千萬美元的獲利。顯然小小的投資可以創造巨大的回報。」

柯哈威説，大部分企業在引入這個方法前，都不知道這種測試的價值。柯哈威表示：「一旦團隊觸到A/B測試這個科學方法後，就會愛上它，而且還會帶進其他的工作中。當我開始在微軟工作時，他們沒有任何A/B測試。我離開微軟時，他們每天都有一百個新的控制實驗。公司從一開始完全沒有A/B實驗，到現在每年執行兩萬個實驗。A/B測試不只受到歡迎，而且規模還會擴大。」

你的團隊一旦了解到敍事的價值，也會開始受到歡迎。柯哈威提供任何職務的企業人士以下建議，尤其是針對技術領域的人員：「敍事是你工作的一部分。寫作和簡報技巧極為重要。學習數學很重要，但許多人沒領悟到真實世界中的一個事實，那就是在任何組織中，你的工作是説服其他人根據你在資料中發現的一些模式來採取行動。將技術性的發現轉譯為有説服力的敍事，讓其他不是技術人員的人都能輕易理解，這是一個超級重要的技能。」

柯哈威説，貝佐斯是個絕頂聰明的轉譯者。「他可以從事技術性工作，但他也能退一步，寫出很棒且謹慎思考過的文件。把一個構想轉變為令人記住的資訊，這是貝佐斯最擅長的事之一。」

在亞馬遜待了十三年的傑出工程師波特説，敍事是亞馬遜成長的一個重要元素。「因為這個獨特的創新方法，亞馬遜確實經營得更好、做出更好的決定、規模也變得更大。」[19]根據波特的説法：「想像一下，你走進會議室裡，每個人都很了解你要討論的主題內容。他們很熟稔你業務

的重要資料。想像一下，所有人都能了解你的核心原則，以及你會如何應用它們來做決策。亞馬遜的會議就是像這個樣子，簡直就是魔法。」

訓練方法

貝佐斯寫致亞馬遜股東信寫了二十四年。其中許多封都是寫得很好的敘事。每一封信都有一個主題、一個清楚且有邏輯的順序，以及佐證的故事與資料。請瀏覽AboutAmazon.com的網頁，搜尋「致股東信」（shareholder letters）。以下這幾年的信寫得很好，你可以先從這些開始讀：1997年、2006年、2013年、2014年、2017年和2020年。這幾封信的結構完整、有清楚的主題，並使用譬喻來解釋複雜的概念。

魔法不會因為六頁敘事寫完就結束了。敘事備忘錄只是亞馬遜高階經理人用來做出重要決策的一種敘事文件。在下一章，你會學到另一種工具，將改變你提出想法的方式，並提升你在任何組織中的影響力。準備好開始逆向工作吧。

10

用逆向工作法勝出

我們有一整個流程，先從顧客開始，然後逆向工作。

——貝佐斯

比爾・卡爾帶著他從商學院時期就反覆練習的工具，進入會議室裡和貝佐斯開會。卡爾是試算表戰士，Power-Point和Excel是他選擇的武器。

前幾週，卡爾還在擔心他被降職了。在亞馬遜的四年中升到管理階層後，他成為公司最大部門的主管，負責掌管書籍、音樂和影片，這個部門占亞馬遜全球營收的77%。所以卡爾無法理解老闆為何決定要他負責亞馬遜營收最小的部門：新的數位媒體事業部。卡爾不久就接受了這個調職決定。當卡爾發現是貝佐斯親自決定這件事，他就接受了。貝佐斯是卡爾認識最傑出的企業家，貝佐斯充滿願景，甚至能看到轉彎處別人看不到的地方。不論貝佐斯設定的目標為何，他都想參與。

雖然卡爾有了新的頭銜（副總）和新的角色，他仍使

用同樣的工具來打造商業提案：SWOT分析、財務預測，以及用詳細的試算表來計算營運利潤和市場規模。卡爾告訴我：「我是MBA，這就是我的工作。」[1]

貝佐斯坐在桌前，仔細研究卡爾的預測。他似乎沒有被說服。最後貝佐斯抬起頭來問他：「模擬資料在哪裡？」

亞馬遜會建立模擬資料，以顯示顧客在網路的完整旅程——從頁面外觀到顧客如何瀏覽網站。模擬需要時間和資金。卡爾沒有做任何模擬，他只想要獲得預算以建立一個數位媒體團隊。

貝佐斯沒有核准卡爾的預算要求，並請他回去重新開始。卡爾幾週後帶著貝佐斯要求的模擬回來。

貝佐斯提出很困難的問題：

・音樂服務如何與iTunes不同？
・電子書的費用應該如何計算？
・讀者比較喜歡用平板、手機還是電腦讀電子書？
・具體說明亞馬遜的數位服務，要如何比現在市場上的任何服務對顧客來說更好用？

卡爾的回答無法滿足貝佐斯。卡爾說：「對貝佐斯來說，不完整的模擬就是思考不完整的證據。」

在幾次令人感到挫敗的會議後，貝佐斯建議一個不同的方法。他說：「別管試算表和投影片了。」下一次會議

時，十位高階主管都被要求寫一份敘事，他們要描述自己對數位媒體部門最好的想法。

下一次開會時變得比較有生產力，而且激盪出創新的火花。一位高階主管提議，採用新螢幕技術的電子書閱讀器。還有別人提議新的MP3播放器版本。貝佐斯提出一個他稱為Amazon Puck的東西，這個裝置可以放在桌面上，並且回覆語音指令。十年後，亞馬遜推出Echo Dot，這是一個長得像曲棍球的智慧型喇叭。將構想寫出來，「讓這些高階主管擺脫Excel的量化要求以及PowerPoint的視覺誘惑。」[2]

———

貝佐斯看到敘事階段的成功後就更進一步。他說：「我們先寫新聞稿吧。」

當一間公司推出產品和服務時，通常會發布新聞稿來宣傳。在大部分組織中，新聞稿是由行銷和公關部門負責的工作。貝佐斯則是倒過來做，他向高階主管提出逆向工作的挑戰，要求他們從顧客的觀點出發，然後問自己為什麼顧客會愛上這個產品或服務。

從新聞稿開始設想提案，可將團隊的注意力放在開發出能讓顧客真心喜歡的產品與服務上。這麼做就可以回答「那又怎樣？」的問題。當顧客第一次聽到某個產品或服務時，他們會想：那又怎樣？對我來說有什麼意義？

當亞馬遜開始使用未來新聞稿——另一個亞馬遜的

「制度」——很快就發現他們需要另一個敘事，以解決開發過程中出現的內部挑戰和技術問題。解決之道就是加入幾頁常見問題。常見問題能讓開發人員與決策人員清楚知道必須克服的障礙，才能將構想化為現實。

亞馬遜的逆向工作法文件後來被稱為「**新聞稿／常見問題**」（PR/FAQ）。由於這個流程並沒有要求必須加入常見問題，所以本章將著重於新聞稿的部分。新聞稿是一份備忘錄，任何人都可以撰寫用來提案、評估想法，以及依據新產品、服務和事業的共同願景來凝聚團隊。

從顧客出發的逆向工作法對亞馬遜模式來說實在太重要，所以後來卡爾和前亞馬遜人比爾·布萊爾合著的書名稱就叫《亞馬遜逆向工作法》。他們在亞馬遜工作的時間總計長達二十七年的經驗，能為任何層級的任何人提供洞見、領導與管理策略。

我和卡爾及布萊恩的對話讓我相信，**你可以用模擬新聞稿的方式來開設公司或開發新產品或服務，這是最強大的寫作技巧。這個方法之所以會成功，因為它逼著你和團隊把顧客放在對話的中心**。

就算你不在亞馬遜買東西，「新聞稿／常見問題」也能把構想變成影響你日常生活的產品、服務和公司。以下就是幾個從「新聞稿／常見問題」開始的構想：

- Amazon Prime（會員）
- Amazon Prime Video（線上影音串流）

- Amazon Studios（電影公司）
- Amazon Music（音樂）
- Amazon Smile（慈善活動）
- Amazon Marketplace（電商平台）
- Amazon Echo and Alexa（語音助理）
- Fulfillment by Amazon（亞馬遜物流）

　　這只是幾個例子而已。許多新創公司和主要商業領域的企業，都已採用亞馬遜率先採用的「新聞稿／常見問題」系統。我和許多新聞公司的創辦人和職涯專業人士談過，他們學習依照模擬新聞稿系統的方式，草擬新的構想或為新的專案提案——有些人甚至不知道，這個系統是貝佐斯的主意。他們只知道，他們一旦試過後就希望自己早一點發現這個方法。

　　簡單來說，**逆向工作法是打造未來最好的方法**。

歐普拉的最愛

　　「新聞稿／常見問題」是從挫折中產生的。亞馬遜的經營團隊陷入苦思，設法找出顧客想從新成立的數位媒體部得到的產品。

　　從「新聞稿／常見問題」開始開發的首批產品之一，改革了出版業，也改變了數以百萬計讀者的閱讀習慣。那個產品就是電子閱讀器Kindle。

亞馬遜於2007年11月19日推出Kindle，第一批裝置在開賣六小時後銷售一空。隔年，讀書會女王歐普拉（Oprah Winfrey）公開對Kindle讚譽有加，使得銷售量更是爆增。歐普拉熱情地說：「這絕對是我最新的最愛。我完全不喜歡電子產品，但我愛上這個小東西了。」[3]

　　如果撰寫新聞稿不是Kindle開發過程的第一步，歐普拉或許就不會這麼喜歡了。她之所以熱愛這個產品，是因為它有個重要功能：當她想看一本書時，六十秒內就能拿到手。

　　從「新聞稿／常見問題」開始逆向工作，讓Kindle開發人員知道顧客會很高興能在任何地方下載書本，而不需要連接至電腦或另外購買無線網路。歐普拉還說：「如果你和我一樣對電腦一竅不通，就不必害怕Kindle，不要害怕，因為你連電腦也不需要就能使用它。這正是最棒的一點。」

　　其實歐普拉在亞馬遜「新聞稿／常見問題」的演變過程中，扮演了核心角色。亞馬遜人受到的訓練是，在寫模擬新聞稿時要使用「歐普拉口吻」。想像一下，你坐在沙發上，歐普拉就在你的面前。你會如何向歐普拉和數百萬的廣泛觀眾，介紹這個產品？「電腦專家的口吻」適合同業之間的內部對話，但「歐普拉口吻」才是普羅大眾的語言。

　　亞馬遜的新聞稿公式共有六個元素。請記住，**「未來」新聞稿是經過撰寫、辯論、重新撰寫然後再辯論而成**

的文件。第一版草稿很亂而且不完美；最後的文件則能讓人看透澈，凝聚團隊以支持共同的願景。由於Kindle的官方新聞稿和團隊原始的版本很接近，所以我就以這個為藍圖來解釋亞馬遜新聞稿的六個部分。

1.標題

亞馬遜Kindle登場。[4]

標題就像是號角，是宣布產品抵達的傳令官。**標題用一或兩行來說清楚，是誰在宣布以及宣布什麼事**。標題包括產品的名稱（如果恰當的話），但標題並不是只能宣布產品而已。2021年2月2日時，亞馬遜的新聞室發布一篇新聞稿，標題如下：「亞馬遜宣布執行長交接」。這個標題回答了是誰宣布消息，以及消息是什麼。

2.副標題

革命性的行動閱讀器讓顧客在不到一分鐘即可無線下載書籍，還能自動接收報紙、雜誌和部落格。不需要電腦，也不需要尋找無線網路熱點。

副標是標題下方的第一句話，**描述產品最吸引顧客的功能或與其他產品的差異**。副標是吸睛的內容，讓讀者想要看下去。內容必須精簡、口語、突顯能讓顧客滿意的最吸睛優勢。

副標非常重要。副標相當於你在第4章學到的大綱。你應該還記得，大綱是好萊塢電影提案會議上必要的內容。大綱要回答基本的問題：這部電影在演什麼？理想的大綱不應超過30個字。Kindle的新聞稿中，副標則是29個字。

3.摘要段

西雅圖，2007年11月19日。亞馬遜今日推出Kindle，一部革命性的行動閱讀器，可將書籍、部落格、雜誌和報紙無線下載至清晰、高解析度的電子紙顯示器上，即使在豔陽下也能像閱讀紙張一樣舒適。Kindle商店現有逾9萬本書籍可供下載，包括目前《紐約時報》暢銷排行榜與新書單中112本書中的101本，每本售價9.99美元，另標售價者以標價為準。Kindle於即日起販售，每部售價399美元。

新聞稿的第一段又稱為摘要段，**以地點和日期為開頭**。即使這是「未來」新聞稿，也一定要加上日期，因為這能強迫團隊討論產品可上市的日期。**摘要段精簡地摘要產品及其優勢**。請將八成的創意能量投入在撰寫標題、副標和摘要段，因為八成的讀者可能看到摘要段就不再看下去了。

4.問題段

亞馬遜創辦人暨執行長貝佐斯說：「我們開發Kindle已有三年的時間。我們的主要設計理念就是讓你忘記手上的

Kindle，不要讓Kindle成為阻礙，讓你享受閱讀。我們也想超越實體書本。Kindle是無線設備，不論你是躺在床上或搭火車，當你想到一本書，就可以在六十秒內拿到書。不需要使用電腦，只要有這個裝置就可以買書。我們很高興Kindle於今天推出了。」

　　第二段內容**解釋你的產品或服務要解決的問題**。在問題段不一定要出現引述，但是在Kindle的新聞稿中，他們做出了有創意的決策，讓貝佐斯來介紹這個產品。重要的是要記住，第二段一定要提出一個產品能解決的問題，否則就不需要這個產品了。

5.解方段和優勢段（三到六句）

　　無線下載內容，不需要電腦，不必尋找無線熱點。

　　Kindle的無線傳輸系統Amazon Whispernet使用的是跟先進手機一樣的全國高速資料網（EVDO）。Kindle使用者可透過無線網路在Kindle商店購物、下載或接收新的內容，而且完全不需要電腦、無線網路熱點或同步。

　　新聞稿的第三段開始深入談到產品、服務或構想的細節。輕鬆、愉快地解決顧客的問題。**解方段的內容包括解釋產品或服務如何運作，以及如何開始**。讓段落保持簡短，不要超過三或四句。

　　在Kindle的新聞稿中，粗體字小標題強調產品的優勢。

每一個項目符號後面都有一些簡短的細節。例如「無線下載內容」是主要優勢。其他還包括：

- 無需每月支付無線網路費用
- 像紙張一樣的閱讀體驗
- 書籍、部落格、雜誌和報紙
- 數百本書的重量只有10.3盎司
- 內建字典和維基百科
- 超長電池續航力

仔細選擇你要強調的優勢。整篇新聞稿應該用一頁就能寫完。如果你已寫了一頁半，那就太長了。

6.強調合作夥伴、引述經理人的話或顧客見證

Kindle使用者可以選擇美國最知名的報紙以及最受歡迎的雜誌和期刊，例如《紐約時報》、《華爾街日報》、《華盛頓郵報》、《大西洋》雜誌、《時代》雜誌和《財星》雜誌。Kindle商店也提供法國、德國和愛爾蘭的國際主要報紙，包括《世界報》、《法蘭克福匯報》以及《愛爾蘭時報》。

引述公司發言人、合作夥伴和顧客吸引人的話或見證，是一篇好新聞稿的第六項元素。在這篇新聞稿中，稍早已引述了貝佐斯的話，所以這一段強調合作夥伴。就算

你寫的是產品的未來新聞稿，而這個產品現在只不過是你眼中的小火花而已，你還是要練習引述顧客可能表達的喜悅感受，或是強調你的理想合作夥伴。這是你釐清顧客喜歡你構想真正原因的機會。

亞馬遜現任執行長賈西說：「在我們開始寫程式前，我們會先寫新聞稿。新聞稿的設計是為了找出產品所有的優勢，以確保你真的在解決顧客的問題。」[5]

貝佐斯的「紅筆」

卡爾的團隊於2004年開發Kindle時，賈西也在試著利用新聞稿的技巧，來為他的運算儲存業務提案，這個業務就是後來的亞馬遜網路服務。

卡爾回憶道：「與其他公司對開發的想法不同，安迪和亞馬遜網路服務團隊最初的十八個月都只做一件事，那就是和貝佐斯合作撰寫和修改『新聞稿／常見問題』文件。」[6]

團隊的工程師向貝佐斯的技術助理抱怨。他們說：「傑夫不知道我們工程師是領薪水寫程式，而不是寫Word文件的嗎？」但貝佐斯和安迪卻很投入在這個過程。他們花了一年半的時間撰寫敘事和新聞稿，然後才開始寫後來亞馬遜網路服務的程式，這個部門後來成為史上最快達到100億美元營收的業務。亞馬遜網路服務成功的祕密在於，他們一開始先花時間做這些事：規劃、寫作，並用文件記

錄他們應該要做的事,然後才開始去做。

卡爾補充說道:「如果我是商學院的院長,我就會堅持學生接受正式的訓練,學習撰寫有用的商業備忘錄或文件。」[7]

———

2021年第一季,亞馬遜創下成立以來最高單季營收,1,080億美元。公司表示Amazon Prime和其他訂閱制營收的成長,是帶動總營收成長的動力。貝佐斯宣布,Amazon Prime會員已超過2億人。現在有將近六成的美國家庭是Prime會員,這個制度向會員收取年費,並提供免運費、快速到貨和其他福利。

亞馬遜於2005年2月宣布推出Prime會員制。顧客收到一封有貝佐斯簽名的電子郵件,介紹一個新的方案。信件開頭寫著:「親愛的顧客,我很高興宣布推出Amazon Prime,這是我們第一個會員制方案,將提供『吃到飽』的快速到貨服務。」[8]

貝佐斯只用了200多字,以清楚、直截了當的文字描述這項服務及其優點。他甚至還強調這個方案有多簡單。

他寫道:「很簡單。只要一筆會員年費,你就可以獲得無限次數的上百萬件庫存商品免費兩日到貨服務。」這個構想成功了,而且現在可直接向亞馬遜購買的商品種類爆增至逾1,200萬件(不包括由第三方賣家銷售的上億件商

品）。

貝佐斯繼續寫道：「Amazon Prime讓訂購變得更輕鬆：沒有最低採購金額限制，不必整合訂單。兩日到貨變成日常的體驗，而不是偶爾出現的小確幸。」這封信剩下的部分則解釋費用和顧客會喜歡的其他優點。貝佐斯在信件最後請顧客採取行動——只要「按一下」連結就能加入會員。

顧客不知道的是，貝佐斯在Prime開發過程開始前，已經花了好幾個月在擬這封信的草稿。正式發布的信件內容和較早的版本內容很接近。「吃到飽」的類比是跟大家一起合作想出來的，但是Prime這個名稱則完全是貝佐斯的主意。

Amazon Prime現在是網路上最成功的會員方案，為公司創造一個強大的經常性收入引擎。美國大多數的家庭現在都是Prime會員，每年在亞馬遜購物支出平均為3,000美元。Prime會員日是會員很喜歡的四十八小時活動，創造的營收比美國傳統的年度購物季黑色星期五所有的零售業者總和還要多。

「吃到飽」的類比獲得亞馬遜高階經理人一致支持。貝佐斯後來開玩笑說：「當你提供吃到飽的自助餐時，會發生什麼事？誰會先來？大胃王！很可怕，就好像『天啊，我真的說過你想吃多少隻大明蝦都可以嗎？』真的就是這樣。但我們看到了趨勢線，以及我們吸引到的顧客類型。」[9]

——

　　布萊德・史東在《貝佐斯傳》中寫道：「貝佐斯會帶一支紅筆去讀新聞稿、產品說明、演講稿和致股東信，他會劃掉任何說得不夠簡單且不正面的東西。貝佐斯相信，如果不知道如何向世人介紹產品或功能，以及尊貴的顧客會如何看待這些產品或功能的話，任何人都無法做出好的決策。」[10]

　　貝佐斯在敘事寫作的過程中維持高標準。根據史東的說法，貝佐斯經常建議更有力的標題，或是在讀了備忘錄幾句後就說：「我已經覺得無聊了。他要大家深入思考，並花時間想想如何有說服力地表達想法。」

　　史東懂他的暗示。當他為寫書請求直接和貝佐斯見面時，他用敘事的方式提出請求，想像這本書上市的新聞稿會怎麼寫。

逼出清楚與精確思維的寫作方式

　　撰寫模擬新聞稿很不容易。撰寫模擬新聞稿會逼你精準地釐清你的想法，比投影片上的條列項目更有用。模擬新聞稿必須清楚地解釋下列問題：

　　・顧客會如何與產品互動？
　　・這和市面上現有的東西有何不同？

．顧客會覺得哪些功能最吸引人？

．顧客為何會喜歡這個產品或服務？

　　2015年，珍妮佛・凱斯特（Jennifer Cast）在撰寫「新聞稿／常見問題」以爭取內部支持她的新構想時，就是在思考上面這些問題。她的新構想對已在網路上賺取龐大獲利的公司來說，似乎很反直覺。但最後她被任命為亞馬遜首次進軍實體商店業務的負責人

　　凱斯特是亞馬遜實體書店（Amazon Books）的副總，她很興奮能給顧客另一個找到愛書的管道。凱斯特是亞馬遜的第二十五位員工，她非常相信並且貫徹公司的箴言：顧客至上。凱斯特感興趣的不是建立一間實體書店，她著迷的是給顧客完全不同的東西。凱斯特的研究發現一件重要的事：如果一間已開設了全世界最大書店的公司，想要重新想像顧客的店內體驗，那麼公司的思維就必須把格局縮得比傳統書店還要小。在交通繁忙地區打造出小型的書店，提供較少的書籍選擇，亞馬遜就可以提供顧客不一樣的東西。凱斯特等不及要分享這個構想，但首先她必須將想法寫下來。

　　凱斯特說：「首先要知道的是，撰寫『新聞稿／常見問題』是一件很費心力的事，需要時間和毅力。在我撰寫亞馬遜書店『新聞稿／常見問題』的六週，花了至少120個小時，寫了至少12篇草稿。」[11]凱斯特的努力有了成果。她的「逆向工作」會議持續了九十分鐘，最後貝佐斯和S團隊

的成員同意開發亞馬遜的第一間實體書店。

　　下表列出凱斯特的模擬新聞稿，讓亞馬遜書店得以實現的元素：

表10.1　亞馬遜書店的模擬新聞稿[12]

標題	亞馬遜開設具有線上功能與優勢的實體書店
副標	實體商店內包括亞馬遜全系列設備，並提供顧客和網路同樣低的價格。
第一段	在這一段中，凱斯特宣布亞馬遜已開設第一間實體書店。她指出這個地點還有許多顧客能獲得的優勢。
第二段	凱斯特在這一段做了一個創意的選擇。她選擇不說「問題」，因為實體書店並不是個問題。相反的，她選擇寫一句假設引述自貝佐斯的話，突顯出實體和網路的差異，這差異使亞馬遜書店能提供顧客更好的體驗。
第三到第六段	凱斯特提供細節，指引設計人員打造店內體驗。
引述公司的話／顧客見證	她在這一段加入顧客的話，這同樣也是假設的。顧客說他們非常想看到實體書本、看看亞馬遜的評等和書評、比較亞馬遜平板規格、發現新的產品，例如Fire TV Stick，以及使用行動應用程式下單，或是找到更多資訊。凱斯特說，顧客見證是新聞稿流程中的關鍵，因為這有助於決策者評估這個構想是好還是不好。如果引述的話很弱，那麼這個想法很可能無法為足夠大的客戶群帶來實質性的價值，這個專案就不值得我們去做了。

　　亞馬遜於2015年11月3日在西雅圖「大學村購物中心」開設第一間實體書店。凱斯特認為「新聞稿／常見問題」，提供了明確的方向並讓團隊專注於客戶體驗。她指

出，亞馬遜的第一領導原則不能只是解讀為顧客「服務」或顧客「為主」，而是「顧客至上：領導者先從顧客開始，然後逆向工作」。這篇新聞稿迫使團隊的每個人，都將顧客放在體驗的中心。

訓練方法

利用下表為你的構想草擬一份模擬新聞稿，你的構想可以是一間新創公司、一個產品、服務、公司或計畫。

主題	（產品、計畫、服務或公司。）
標題	（說明是誰在宣布以及宣布什麼事情。）
副標	（副標是吸睛的文案，讓讀者繼續讀下去。內容必須精簡。不要寫超過30個英文字。）
第一段（摘要段）	（第一段是簡介，提供產品、計畫、服務或公司及其優點的精簡摘要。）
第二段（問題段）	（第二段要解釋你的產品、計畫、服務或公司打算解決的問題。）
第三到第六段	（深入說明你的產品、計畫、服務或公司的詳細資訊，以及如何解決問題。）
引述公司的話／顧客見證	（引述公司發言人、合作夥伴及顧客吸引人的話，就算還沒有也沒關係，可以先模擬。）

逆向工作法讓職涯快速前進

任何人都可以利用新聞稿樣板來引導產品開發、凝聚團隊共識、釐清提案內容，或是提出新事業、產品和服務的構想。

約翰是一間國際醫療設備公司的部門總裁，他告訴我關於他使用亞馬遜新聞稿的體驗。約翰和團隊的幾位成員飛往西雅圖，討論與亞馬遜可能的合作機會。這是約翰第一次接觸到亞馬遜的新聞稿撰寫作業。

雖然約翰了解亞馬遜很重視「新聞稿／常見問題」，但他卻懷疑這個練習對他的公司有什麼價值。約翰承認，他之所以配合只是因為亞馬遜非常客氣地邀請他的團隊去開一場腦力激盪的會議。約翰告訴我：「對，我們不太相信。我們會配合他們做事的程序，但是說實話，我們覺得這是在浪費時間。」但是在練習的過程中，約翰發現這麼做迫使他以清楚、簡單的方式解釋他的想法，以便讓任何人都能立即了解其中的價值。約翰說：「會議結束後我們離開時，我們都相信了。我們都很喜歡，而且成為新聞稿的支持者。我說得並不誇張，這改變了我們團隊的世界。」

約翰並不誇張。他一回到家，就和團隊開始準備向公司執行長提案，他們要請執行長核准與亞馬遜合作，並申請資金以完成這個專案。團隊得到六十分鐘的時間提案。這間公司在全世界150個國家都有營運據點，執行長的時間

非常寶貴。所以他們很感激能得到整整一小時的時間。

然後約翰做了一個大膽的決定。他說服團隊打造一個二十分鐘的簡報，並給執行長四十分鐘的時間。如果執行長有問題，他們都準備好回答問題。提案簡報本身不會超過二十分鐘。約翰一直在學習溝通技巧，並發現如果簡報時間長，內容通常很複雜、沒有條理、提供過多資訊，而且很無聊。短簡報幾乎永遠比長簡報更有說服力。

約翰的團隊開始動起來。他們打造一個二十分鐘的簡報，摘要說明他們在亞馬遜的會議內容、定義可能的合作關係、描繪這個構想對病患的好處，並且說服執行長同意一筆大額的預算申請。

約翰沒忘記他在亞馬遜學到的未來新聞稿模式。但是他不寫備忘錄，而是將這個概念再推進一步。約翰建議：「如果我們從病患的角度出發，逆向往回推，我們應該先從產品推出後在電視上播出的廣告開始才對。電視廣告影片會顯示病患預訂治療非常容易，而且在家就可以輕鬆預訂。影片也會顯示我們與亞馬遜雲端技術合作，迅速、輕鬆就將檢測結果傳給病患的醫生。」

約翰的團隊拍攝了一部兩分鐘的影片，由演員來扮演未來的病患。他們在簡報時播放影片。約翰在影片播放時觀察執行長。他回想道：「執行長的眼睛都亮了起來。」

影片結束，約翰回到投影片繼續簡報。「現在你看過我們的願景了，接下來我要說明如何實現：我們需要投資人力、人才和資源。」

會議時間原本排定一小時，結果只持續了三十分鐘就結束。執行長充滿熱情地核准了約翰的預算申請。這項治療於2022年進入臨床試驗，並於2023年提交申請有關單位的核准。這個治療將利用尖端醫療技術以及亞馬遜的雲端運算能力，在非常早期就發現特定癌症，以防止數百萬人死於這種癌症。

　　從新聞稿開始逆向工作，確實改變了約翰的人生。他獲得晉升並帶領這個突破性的專案。他後來成為一間擁有十萬名員工的全球性企業的部門總裁。約翰告訴我：「如果不是溝通技巧，我就不會坐上這個位子。以清楚而且精簡的方式傳遞引人入勝的構想，是一個非常重要的技能。如果你想要在大公司中成長，或是為新創公司募資，就必須說服老闆、執行長或投資人。我的範例證明了簡報技巧能成就事業。」

讓所有人了解情況

　　我和許多採用逆向工作系統的商務專業人士談話時，「凝聚」（alignment）是一個是常見的主題。

　　贊恩是一間高科技公司充滿野心的產品經理，他說公司使用「新聞稿／常見問題」，以凝聚利益相關人支持策略計畫。贊恩的執行團隊嚴格限制新聞稿只能寫一頁，而他每一季都會寫一篇新聞稿為新的構想提案。

　　贊恩說：「如果你無法用一或兩句話解釋清楚你的構

想要如何解決問題，那麼你對問題的了解可能不夠透澈。如果你不能用幾句話來說明顧客的利益，並說明顧客為什麼會喜歡這個產品，那麼你就不夠了解你的顧客。如果你也無法以一或兩句話解釋你的產品與競爭產品有何不同，或是如何讓顧客的生活變得更輕鬆，那你幾乎無法贏得一開始所需的支持。」

贊恩是一名有著遠大夢想的31歲的經理，希望能成為大公司的執行長。在新冠疫情期間，贊恩的公司允許所有員工遠距工作。贊恩的公司和許多公司一樣，發現管理「分散的人力」不只是有可能的，而且許多員工也偏好這麼做。

贊恩說：「現在我團隊中的每個人都在不同的時區遠距工作，所以寫作能力比以前更重要。我需要提取我想法的精華，並以精簡的形式寫出來以便讓所有人能都了解。我必須確保所有利益關係人都凝聚在一起，包括財務、銷售、技術和顧客。」

產品經理就像是「迷你執行長」，因為他們扮演著跨部門的角色。贊恩說：「我要面對四或五個不同的觀眾。我必須和打造產品的開發人員說工程用語。我要和財務長談數字，並清楚解釋產品對公司獲利的影響。我必須說服業務人員，顧客會愛上我們的產品，並花更多錢在我們公司。我必須對不同的聽眾傳達特定內容。如果我無法針對不同的聽眾調整我的訊息，我就不會有效率，也很難成功。」

對任何要提議新構想的人來說，逆向工作都是重要的步驟。

火箭科學家歐贊‧瓦羅（Ozan Varol）説，航太總署也有像亞馬遜的「新聞稿」形式，他們稱之為「倒推法」（backcasting）。瓦羅和火星探測行動的科學家團隊寫了未來新聞稿，以推動這項專案。「我們不是讓資源來帶動願景，倒推法讓我們的願景來帶動資源。」[13]

瓦羅説，倒推法讓我們能思考不可能實現的事、帶動航太總署實現不可能的目標。舉例來說，送人類上月球並平安返回地球所需要的火箭科技，在1960年代時並不存在。「航太總署從人類站上月球這個結果開始倒推，以判定實現目標所需的步驟。先讓火箭升空，然後讓人進入地球軌道中，然後在太空漫步，然後把目標運輸工具停在地球的軌道上，然後將載人太空船送到月球、繞行一圈再回來。只有當藍圖中這些漸進式的步驟完成了，才開始嘗試登月。」[14]

瓦羅告訴我：「口語或文字溝通，是科學家或專業人士可以培養的最重要的技能之一。將你的工作精華提煉出來，尤其是複雜的主題，用所有人都能了解的語言來表達，這是一個非常稀有但珍貴的技能。能掌握這項技能的人容易脫穎而出。」[15]

好的寫作者會脫穎而出。

在這部分的最後一章中，你將學到偉大的演說者如何找到創新的方法來解釋他們的構想，以及為何故事永遠說不完。這是亞馬遜的成長中另一個被低估的面向——任何重視寫作的公司也都了解閱讀的力量，這能幫助我們成為更好的寫作者。

11

領導者都是閱讀者

> 好的領導者必須是好的溝通者，
> 而困難的寫作能力則要靠閱讀來強化。
>
> ——詹姆斯·史塔萊迪（James Stavridis），美國退休海軍上將

在創辦地球上最大書店的前三十年，貝佐斯發現了幾本啟發他雄心壯志的小說。

貝佐斯在4歲到16歲的暑假，都在外祖父位於德州科圖拉的農場生活和工作。德州西部的農場工人都對科圖拉很自豪，但他們覺得很難形容這地方的地理位置。貝佐斯說：「科圖拉位於聖安東尼奧和拉雷多的中間。」

一位當地人捐贈一些科幻小說給鎮上的圖書館，激起了貝佐斯對星際旅行的熱情，而且貝佐斯從沒放棄這個願景。貝佐斯是個早熟的學生，他讀過儒勒·凡爾納（Jules Verne）、以撒·艾西莫夫（Isaac Asimov）和羅伯特·海萊因（Robert Heinlein）的科幻小說。六年級的時候，貝佐斯就能清楚連貫地說出他從托爾金（J. R. R. Tolkien）的《哈

比人》（*The Hobbit*）中得到的價值。這本書的主題是罕見的英雄崛起於平凡的環境，這在這位未來的冒險家心中產生很強的迴響。

書本激起年輕的貝佐斯的好勝心。他在12歲時就讀過各種類型的書，還獲得了一項讀者認證。他很早就展現好勝的直覺，他決定不要讓其他學生讀的書比他更多。貝佐斯甚至「認為自己輸給一位同學，因為對方宣稱（不過不太可能是真的）自己一個星期讀十二本書。」

貝佐斯的身邊都是書。在他位於西雅圖湖岸的家中展示了幾百本書，其中包括科幻未來小說家亞瑟·克拉克（Arthur C. Clarke）的作品，貝佐斯也會在致股東信中引述他的話。傳記作家布萊德·史東說：「當其他人都在讀經典文學、只夢想著另一個現實時，貝佐斯似乎在思考這些書所描繪的令人興奮的未來。」[1]

凡爾納的經典作品《飛向月球》（*From the Earth to the Moon*）在貝佐斯的內心深處迴盪著。他的朋友丹尼·希利斯（Danny Hillis）曾說：「傑夫認為自己和藍色起源屬於一個更壯闊的故事。是儒勒·凡爾納所寫的故事的下一步，也是阿波羅太空任務所實現的事。」[2]

位於西雅圖南方十七英哩處，藍色起源總部的中庭裡，參觀者會看到一座兩層樓高的火箭模型，這是根據凡爾納的經典小說所打造的。根據史東的說法，這個模型是「維多利亞時代太空船的標準尺寸蒸汽龐克（steampunk）模型，就像是儒勒·凡爾納小說中可能會描述的樣子，裡

面還有駕駛艙、銅製控制鈕，以及十九世紀的內裝。參觀者可以進入火箭內，坐在天鵝絨布座椅上，想像自己是尼莫船長（Captain Nemo）和菲利斯‧佛格（Phileas Fogg）時代無畏的探險家。」[3]（譯註：尼莫船長是《海底兩萬里》的主角，菲利斯‧佛格是《環遊世界八十天》的主角。）

亞馬遜並不是貝佐斯夢想過的第一個事業。在就讀高中時，貝佐斯就為中學生的夏令營想出一個主意：夢想機構（DREAM Institute）。學生必須研讀幾本貝佐斯自己挑選的書：《塊肉餘生錄》、《異鄉異客》、《格列佛遊記》、《黑神駒》、《永恆之王：亞瑟王傳奇》、《魔戒》、《金銀島》和《瓦特希普高原》。

雖然這個事業最後未能成功展開，但貝佐斯從來沒有失去跟周遭的人分享書籍的熱情。

貝佐斯相信，一位領導者的角色是分享他從書中獲得的知識。2013年的夏季，貝佐斯為亞馬遜高階經理人舉辦三場一整天的讀書會。貝佐斯告訴CNBC的記者：「我們一起讀商管書籍，並且討論策略、願景和內容。這些書真的成為我們討論業務的架構。這讓我們有機會更認識彼此。」[4]

———

貝佐斯不是唯一把讀書列為優先事項的億萬富豪。從理察‧布蘭森到華倫‧巴菲特、莎拉‧布雷克利、歐普

拉‧溫芙瑞、雷‧達利奧（Ray Dalio）到伊隆‧馬斯克（Elon Musk），億萬富豪讀的書遠超過平均值。

一項針對美國人閱讀習慣的調查發現，約四分之一（27%）的美國成年人完全不讀書。只有五分之一的受訪者說，他們一年讀十二本以上的書[5]。換個方式來說，如果你一個月讀一本半的書，那你就能加入熱愛閱讀與功成名就人士的行列了。

美國退休海軍上將詹姆斯‧史塔萊迪是閱讀界的異數。他一年至少讀一百本書，幾乎是美國成年人每年平均閱讀量的十倍。史塔萊迪告訴我：「我可以告訴你，當某人升上四星上將或海軍上將時，他絕對是深度閱讀者。」[6]

史塔萊迪並不期望領導者一個星期要讀二到三本書，或是書架上要有四千本書。但是他確實鼓勵在任何領域想成為領導者的人，要讀更多自己領域中的書，不論是虛構或非虛構類型的都可以。

讀更多書的四個好處

1.書籍是心智的模擬

小說家喬伊斯‧卡洛‧奧茲（Joyce Carol Oates）說：「我們唯有透過閱讀，才能不由自主且無可自拔地進入別人的身體、聲音和心靈。」[7]

書籍就像心智的模擬，讓你進入別人的心靈中。根據神經科學家的說法，人類的大腦無法區別閱讀一段體驗與

親身經歷一段體驗這兩者之間的差別。當你置身於書中人物面對的環境中，你會問自己：如果是我在這個情境下，我會怎麼做？

二十多年前，史塔萊迪準備指揮海軍驅逐艦的方法是閱讀多本派翠克・歐布萊恩（Patrick O'Brian）的小說，第一本就是《艦長與司令官》（*Master and Commander*）。他也從史帝芬・普雷斯菲爾德（Steven Pressfield）的史詩級小說《火之門》（*Gates of Fire*）中獲得靈感，故事敘述斯巴達人許下英勇承諾，於溫泉關（Thermopylae）作戰並壯烈犧牲的故事。「閱讀那本書時，你可以讓自己置身人物的情境中、了解他們的動機，並問自己：我有沒有那樣的勇氣、信念與榮譽，去執行那樣的任務？」[8]

2.書能提供觀點

史塔萊迪說：「書能給你機會經歷非常多不同的人生體驗，而你完全不用離開家或學校。否則一位想成為領導者的年輕人怎麼會知道，1915年歐內斯特・沙克爾頓（Ernest Shackleton）在堅忍號（Endurance）於南極撞上冰山全毀後，如何拯救全船的船員？當我回想一生閱讀的書，我所敬重的許多人都是在書中讀到的人物，有些是他們的自傳，有人是別人寫有關他們的書。」[9]

企業家經常透過閱讀那些克服重重困難、將願景變為現實的人的第一人稱故事，來獲得靈感。舉例來說，美國《新聞周刊》於2009年採訪貝佐斯時，他說：「如果你讀

我最喜歡的書之一《長日將盡》（*The Remains of the Day*），讀完後你會覺得自己剛才的十個小時好像過著另一種人生，我從中學到了人生和懊悔。這是你從部落格貼文中得不到的。」[10]

3.書籍濃縮了寶貴的知識

即使投資者想要從下一個新創公司中獲利，其投資回報也無法與一本好的商業書籍相提並論。

這本書約有8萬個英文字。如果你以一般速度閱讀，花四個多小時應該可以讀完。在這四小時內，你可以得到其中一位世界首富、將構想化為1.7兆美元龐大企業的創業家二十三年的深入見解。此外，你還能學到前亞馬遜高階主管，以及使用貝佐斯藍圖創業成功的商業領導者的溝通策略。

書本是提升你領導能力最寶貴的工具。

4.閱讀者的口語表達能力更好

史塔萊迪說：「領導的精髓在於溝通和啟發。想要這麼做就必須能說得清楚、寫得好。閱讀好的圖書資料，不論是虛構或非虛構的，都能幫助你提升寫作與口語能力。」

我自己的經驗是，幾乎所有邀請我向他們的組織員工演講的企業執行長，都讀過至少一本我的書。雖然我一年讀超過五十本書，但這些企業執行長和企業家幾乎總是能

告訴我一些我還不知道的書。這些領導者大部分都是比一般人更好的溝通者，他們也想要提升自己團隊的說話和寫作能力。重視寫作的領導者也會強調閱讀的重要性，以幫助他們成為更好的寫作者。

簡單來說，大量閱讀的人，口語表達能力會更好。閱讀各種虛構與非虛構類書籍的人，有廣泛、有趣、不同類型的故事可說。他們有更多彈藥可使用：故事、深入的見解、例子和智慧。他們能提出新穎、令人驚奇和獨特的方法來看待世界，以及解釋他們所看到的事。由於人類是天生的探索者、熱愛學習新的事物，我們會被喜愛閱讀的人所吸引，因為他們是保存文化的人；他們告知、啟發和激勵人們。貝佐斯曾說，不論是創作書籍、電影還是備忘錄，吸引人的內容祕訣在於，自己必須是個有趣的人。你必須是個「引人入勝」的人。

———

目前體育界最引人入勝的人物之一，就是「高爾夫頻道」（Golf Channel）的分析師布藍德爾・錢柏利（Brandel Chamblee）。我稱他為體育評論員中的達文西，因為他能從許多領域中汲取深入的洞見，包括數學、科學、物理、藝術和文學。我在2021年美國公開賽時和錢柏利聊天。我們聊的內容從作家到說故事的人，從尼采到天文學家尼爾・德格拉斯・泰森（Neil deGrasse Tyson），從亞里斯多

德到好萊塢知名編劇艾倫‧索金，從莎士比亞到好萊塢電影製片諾拉‧艾弗隆（Nora Ephron）。

錢柏利說，他經常為報導高爾夫錦標賽出差，而他出差時總是會帶著書。他是在十五年的PGA巡迴職業生涯時開始閱讀的習慣，在報導一整天的比賽後，享受著與作家為伴的放鬆時刻。錢柏利曾問一位知名的高爾夫專欄作家，他是如何讓文章保持新鮮感、總是能找到全新又有趣的譬喻和類比來吸引讀者。錢柏利說：「你感覺起來和任何其他高爾夫球作家不一樣。」那位專欄作家回答：「那是因為我不讀其他高爾夫作家寫的文章。」[11]

錢柏利說：「如果你只讀和你的比賽或運動有關的主題，你說話的方式和內容就會和其他人一樣。你必須盡可能廣泛地閱讀。」

不是所有閱讀的人都引人入勝，但是引人入勝的領導者全都愛閱讀。

有目的閱讀的三種方法

1.關注相關類別的領導者

我們生活在閱讀的黃金時代。現在市面上有數以百萬計各種形式的書籍，從精裝到平裝，從有聲書到電子書，不一而足。濃縮的知識觸手可及。但是你也知道，太多選擇會導致決策癱瘓。以下是一個驚人的統計數字：亞馬遜每五分鐘就會新增一本書。現在有超過三千萬本書可以出

貨、下載或聆聽。你該如何選擇下一本要讀的書？

想從書中學到最多東西，意味著你要去閱讀能從中學到最多東西的書。

假設你是終生學習者，而且你決定從大學畢業開始，從23歲一直到90歲，一個月要讀一本書。那就是八百零四本書，這聽起來好像很多，但是想一想，這只占目前買得到的書籍的0.002%而已。

成功的領導者知道他們無法讀所有的書，所以他們會試著閱讀其他成功領導者會讀的書。

———

億萬富豪大衛·魯賓斯坦（David Rubenstein）說：「想要一年讀一百本有意義的書，你必須要有一個系統。」[12]魯賓斯坦是全球最大私募股權公司凱雷集團（Carlyle Group）的共同創辦人，掌管2,300億美元的資金。魯賓斯坦在主持的電視節目中訪談全世界頂尖的企業與政治領袖。他會閱讀他訪談的領導者所寫的書，同時也會仰賴書評以及推薦文來決定要讀什麼書。你可以養成向其他成功人士詢問，他們認為哪些書特別有價值的習慣。

雖然魯賓斯坦讀的書遠多於一般美國人，但他知道隨便讀一些他偶然碰到的書是沒有效率的。沒錯，當他去書店時，他會買一些因緣際會看到的書。但魯賓斯坦主要會看的都是相關類型的書：博愛、商業、政治、領導以及歷

史。

魯賓斯坦寫道：「領導者每天都需要擴展知識，以鍛鍊最獨特的肌肉，也就是大腦。不這麼做就很難跟上這個變化快速的世界。我試著透過有點強迫性的閱讀來持續學習。最能讓人專注的莫過於一本寫得好的書。」[13]

雖然魯賓斯坦的身價超過40億美元，但他仍持續提升他的寫作與說話技巧，這突顯了溝通在我們社會中扮演的重要角色。魯賓斯坦說：「如果沒有人跟隨你，你就不可能領導任何人。基本的溝通方式有三種，領導者可以透過其中一種來說服別人：寫下能啟發讀者的話、說出能激勵聽眾的話，或是以身作則讓他人效法。」[14]

魯賓斯坦說，偉大的領導者除了有絕佳的溝通技巧外，還有一些類似的特質。他們所寫的書提供大量的知識和成功的捷徑。所以第一步是找出和你的事業、生意和興趣有關的類別。第二步是找出你敬佩的領導者和企業家。第三步就是閱讀他們寫的書、部落格、訪談和文章。書籍很可能為這些領導者開啟了新的世界，而且這些領導者很樂於分享影響他們的書。所以請接受他們的推薦吧。

2.做筆記

當個主動的讀者。Kindle和其他行動裝置讓你可以輕鬆為文章做記號，或是在書中寫筆記。如果你讀的是精裝本的書，頁面空白處的存在是有原因的：讓你的大姆指握住書。外側的邊緣也可以讓你寫筆記，除非你讀的是圖書館

的書，那麼你可以用便利貼寫筆記。

當你寫筆記時，你的大腦會有更多管道來編譯資訊。換句話說，你會記得更多自己讀到的東西。

3.分享、談論你最喜歡的書

史塔萊迪告訴我：「我35歲左右為首次接任艦長大任做準備時，我花了很多時間閱讀有關船長的書籍。閱讀那些書對我的幫助很大，但真正的收穫是與已經歷過指揮官這個嚴酷考驗的資深軍官討論那些書。」

2003年時，貝佐斯指派技術助理柯林・布萊爾，要他挑選給亞馬遜高階經理人團隊讀的書。布萊爾說：「他們都是很聰明的商業人士，但他們需要更多有關打造可擴充和強健軟體的技術知識。亞馬遜的領導原則之一就是『求知若渴』。所以雖然工作非常辛苦，我們的S團隊仍欣然接受讀書會這件事。貝佐斯會指定一本書，他也會和大家一起讀。然後我們會聚在一起討論。我們每四到六週就會聚會討論一次。」[15]

布萊爾和貝佐斯選擇了費德瑞克・布魯克斯的《人月神話：軟體專案管理之道》，這本書啟發亞馬遜現在知名的「兩個披薩團隊」。S團隊也會讀《從A到A+》，這本書啟發了帶動亞馬遜成長的飛輪策略。《基業長青》（*Built to Last*）和《創造：生命之起源》（*Creation*）啟發了亞馬遜網路服務。《創新的兩難》（*The Innovator's Dilemma*）啟發了Kindle。山姆・沃爾頓（Sam Walton）的《富甲天

下》（*Made in America*）啟發了亞馬遜的十六個領導原則。

另一本書是《絕佳服務指南》（*Guide to Giving Great Service*），這本書介紹令顧客驚豔的方法。《目標：簡單有效的常識管理》（*The Goal*）教亞馬遜高階經理人如何在快速成長的電子商務產業管理瓶頸、物流和其他營運挑戰。而貝佐斯是從哪裡得到靈感，在後來二十年每一封致股東信中都附上1997年的第一封致股東信？就是亞倫‧葛林柏格（Alan Greenberg）的《董事長的備忘錄》（*Memos from the Chairman*）。

布萊爾說：「世界上大部分的知識都在書裡，如果你不是大量閱讀的人，就會失去一個機會。貝佐斯是非常全能的人。他知道不同的主題，並尋找能在組織裡運用的知識。」[16]

當S團隊的讀書會消息傳出後，有員工寄電子郵件給布萊爾，想知道他們每個月都讀什麼書。貝佐斯就開始分享他在讀的書與書評，讓大家都一起看同一本書。

有效領導者讀的書比組織裡的其他人更多，他們會與其他人分享自己新發現的知識。普利茲獎得主歷史學家芭芭拉‧塔克曼（Barbara Tuchman）曾說：「書籍是文明的載體。沒有書，歷史就會沉默、文學就會啞然、科學就會跛足、思想和臆測就會停滯。沒有書，文明就不可能發展。書是改變的引擎（如詩人所說）、世界的窗戶、時間之洋中矗立的燈塔。書是同伴、是老師、是魔術師、是心智寶藏的銀行員。書是躍然紙上的人性。」[17]

學習領導最好的辦法就是透過閱讀的力量。最棒的是：書籍史上從沒有像現在一樣，人人都能輕易接觸我們生活世界中所累積的智慧。就讓這些作家陪伴你一生，他們是很棒的同伴。

3 PART

提出計畫

12
強化你的簡報以啟發觀眾

你把時間和精力花在什麼地方，
是你一生中最重要的決定之一。

—— 貝佐斯

我女兒非常怕蜘蛛。如果她認為蜘蛛在門外，她就絕對不會出門。後來因為一位治療師教我們一個聰明的辦法，她學會控制自己對蜘蛛的恐懼。我們在家中各處張貼蜘蛛的照片。每個星期我們都會換照片，並且懸吊在不同的地方。經過一段時間後，我女兒逐漸對這種八腳生物變得無感。

治療師教我們的辦法稱為「暴露療法」（exposure therapy），這是一種很受歡迎的治療法，用來幫助人們面對恐懼，讓他們維持健康的日常生活。在當下逃避恐懼雖然能立即紓解和感到安慰，但是長時間下來，逃避你恐懼的東西會讓那些觸發焦慮感的東西、地方或事件變得更強。最終你會無法控制恐懼，而是被恐懼控制。

你可能已經知道，公開演說被認為是人們最恐懼的經歷之一。根據美國國家心理衛生研究院的資料，全國73%的人有公開演說恐懼症（glossophobia）。因為公開演說焦慮深植在我們的大腦中，所以才會這麼普遍。我們受到制約而渴望被接受，且傾向過於重視別人看待我們的方式。

　　不幸的是，想要事業更上一層樓的商務專業人士，不可能避免公開演說。根據人力資源軟體公司iCIMS的調查結果，六成五的人資經理比較看重寫作與口語能力，而不是應徵者的大學主修科系。[1]另一份由線上簡報平台Prezi所委託的調查則發現，七成的受訪者說，簡報能力對他們的事業成功很重要，但是有12%的女性和7%的男性承認，在簡報日當天會裝病。[2]

　　億萬富豪巴菲特曾說，公開演說的能力可以提高你在工作場合50%的價值。可惜的是，太多專業人士因為一想到要做簡報就感到焦慮或恐慌，而無法善用這個價值。

　　好消息是：厲害的簡報者是練就出來的，不是天生的。

　　任何人都可以從焦慮或不熟練的演說者，轉變為吸引全場目光的人。我們一再看到這樣的轉變。我的事業夥伴凡妮莎有心理學的背景。她訓練執行長與高階經理人客戶肢體語言、口語表達能力、傳遞訊息的技巧以及領導者風範。凡妮莎和我開發了一個制度，能幫助普通的簡報者成為傑出的簡報者。根據三個面向所發展出來的「蓋洛強化模型」（Gallo AMP model），能加強你在公開演說中各方

面的表現。

強化你的簡報

當客戶來找我們改變他們的演說技巧時，我們會用一個模式來「強化」他們的簡報。強化（amp）是一個及物動詞，意思是「刺激與激勵」。我們的強化（AMP）則是縮寫，用來描述三個面向，將你轉變成有活力、能刺激與激勵聽眾的演說者。

首先，請看看下表，表中顯示三個所有演說者都必須提升的面向：能力（Ability）、訊息（Message）以及練習（Practice）。第二，我會告訴你該如何評估這三個面向，幫助你成為理想中的演說者。

表12.1　強化：能力、訊息與練習

三個面向	說明
能力（固定的） 你天生的能力是固定的，這是你已經具備的強項和天分。在你的簡報能力發展過程的每個階段，這些強項都是看得出來的。這些是你的基本能力，而你要加強這些能力。	天生的能力包括： ・在別人面前說話感到自在。 ・深入了解內容。 ・具有用詞遣字、想像力、譬喻或藝術方面的創造力。 ・有力、中氣十足的聲調。 ・能從情境中找到幽默的元素。 ・良好的儀態，可能有體育或表演藝術方面的背景。

三個面向	說明
訊息（非固定的） 你的簡報內容：主題、清晰度、選詞用字、故事內容、投影片和視覺輔助。	你所傳達的訊息是個變數，你可以改變和發展內容。有力的訊息包括： ・引人入勝的內容（故事、影像、影片）。 ・簡短、清楚的主題。 ・三個支持的例子。 ・以主動語氣寫成的短句。 ・吸睛的投影片。 ・引人注意的故事。 ・簡單、容易了解的順序。
練習（非固定） 你花在反覆排練簡報和將內容內化的時間，是第二個你可以控制的面向。你投入越多時間刻意練習，簡報當天你就越會感到自信。	你可以調整在這個面向所花的時間。練習你的簡報內容直到： ・你已熟知每張投影片上的內容，而且可以不用看筆記就能說出你要傳達的訊息。 ・你可以像聊天一般介紹簡報內容，彷彿在和朋友共進晚餐一樣。 ・你能自在地講述內容，因為你知道會很順利、要花多少時間。 ・你已精簡要說的故事，所以內容簡潔、切題且流暢。

　　強化演說技巧的第一步就是了解自己的**能力**。天生強項較多的人，也需要很好的**訊息**，並且花時間**練習**以完善地表達。天生強項較少的人，仍必須學習打造很好的**訊息**，還必須比其他人花更多時間**練習**，練習能幫助他們變得傑出。

　　先找出你天生的能力，就可以調整你花在打造訊息和

練習表達的時間。下表是一個範例，兩個人走的是不同的路徑，但都成為出色的公共演說者。左邊的人天生的強項較多，所以她覺得可以花少一點時間練習。但她仍需要花30%的準備時間來撰寫一篇好的訊息。右邊的人天生的強項較少，可能對站在台上感到不自在。他還是得花30%的時間撰寫訊息，而且必須花更多時間練習才能感到自在。重點是，兩位演說者都很傑出，但他們是透過不同的路徑，調整「強化」的面向，才達到最佳狀態。

表12.2　兩個不同的人如何發展成為出色的演說者

	天生的強項較多	天生的強項較少
練習（非固定）	20%	50%
訊息（非固定）	30%	30%
天生的能力（固定）	50%	20%

使用「蓋洛強化模型」，任何人都可以成為了不起的演說者，他們只要知道自己天生的強項、根據強項發展，然後花時間在其他兩個面向上。每個人的「配方」都不一樣，但是最終的結果都會是一場賞心悅目的表演。

貝佐斯把自己變成一位很棒的溝通者

貝佐斯曾說：「我們是自己選擇的結果，所以為自己

建構一個很棒的故事吧。」而他正是這麼做的。貝佐斯在亞馬遜事業生涯很早就決定,他要提升自己公開演說的能力。我怎麼會知道?今天的演講者貝佐斯,和二十五年前的演講者貝佐斯是不一樣的。他努力提升自己的技能,這是看得出來的。

在以下內容中,凡妮莎檢視的三段演說和簡報,是橫跨長達二十年的公開演說內容。首先,我們先看看貝佐斯成立亞馬遜早期的演說。這是在1998年於湖森大學的演說。當我們在看客戶的影片範例時,我們做的第一件事就是找出他們天生的能力與強項──在我們發展客戶的演說能力時,這是我們能善用的工具。根據這段1998年的影片範例,貝佐斯展現了他的強項:創造力和幽默感,以及對主題具有相當廣泛的知識。下表是他在湖森大學的演講中說過的話,這些話展示的是他天生的能力。同樣的,這些是演說者天生的強項,在他的職業生涯過程中,他將以此為基礎繼續發展。

表12.3 貝佐斯的簡報強項:1998年湖森大學[3]

強項	貝佐斯的話	備註
創造力	如果你把亞馬遜網站的產品列印成目錄,會印出相當於四十本紐約市電話簿的厚度。	有創造力的人能將統計數字變為情境,在別人的腦海中創造一個生動的畫面。

強項	貝佐斯的話	備註
創造力	就像用消防水管啜飲一小口。	貝佐斯用這個譬喻來形容如果雅虎把亞馬遜列在受歡迎網站清單中，亞馬遜的訂單會發生什麼情況。我們之前討論過，譬喻是一種創造性的工具，可以把概念變得簡單、難忘。他將在職業生涯中使用更多譬喻。
	屋主在車庫正中間裝了一個大肚爐。	貝佐斯很早就展現他說故事的天分，他會說一些很有畫面的小細節，讓故事變得生動。
幽默感	只要看一個人寫的文章最前面的五個字，人類的大腦就可以馬上判斷這個人是聰明還是瘋了。	貝佐斯很有幽默感。他這句話是在解釋為什麼亞馬遜允許使用者對產品留下正面和負面的評語，以及為什麼顧客會直覺知道該相信哪些評語。
	他們已經把我們的東西打包好了，他們想知道該送到哪裡去。我告訴他們，往西走，明天打電話來，我再告訴你們。	貝佐斯這時是在訴說，他和前妻麥肯琪從德州開車前往西部成立公司的那天發生的事。我們之前在《英雄的旅程》一書中提到，這就是「跨出門檻」，踏出平凡的世界展開冒險的例子。
	我們心想，哇，這幾張包裝台還真不錯。	亞馬遜剛成立時，貝佐斯和員工非常不舒服地在地上打包數百個包裹。他太專注於把包裹及時送出去，沒想到包裝台會有幫助。當有人提出這個建議時，貝佐斯笑了出來，因為這個解決方法實在太簡單了。貝佐斯在整段演說中加入不少幽默的軼事，在接下來的二十年，他一直在使用這個技巧。

強項	貝佐斯的話	備註
主題知識	1994年的春季,網路使用量每年的成長率是2,300%……除了培養皿裡的細菌之外,沒有東西能成長得這麼快。	貝佐斯天生擅長數字。他把統計資料變成情境,讓數據變得令人難忘。
	亞馬遜河的水流量是密西西比河的十倍大。	貝佐斯解釋公司名稱「亞馬遜」背後的譬喻。他也利用小故事和佐證的研究來強化他要傳達的訊息。
	這些都是顧客做選擇的重要基礎:容易使用、方便、價格。	貝佐斯這時在說明他有多深入了解顧客——他知道顧客要的是什麼,以及他的公司如何滿足他們。

在現今職場上,創造力是專業人士很想要的一種技能,但是創造力並不容易教。貝佐斯在他的演說生涯中很早就展現出創造力,後來證實是一個非常寶貴的技能。

接著我們來深入研究他在湖森大學的演說內容。雖然貝佐斯具備天生的強項,但他在其他方面仍有進步的空間:訊息和練習。他可以多花點時間把故事修飾得更好,以及練習他的表達方式。貝佐斯在簡報中有很多時候說得太多、低頭看筆記,而且忘記自己說到哪裡時,經常會說得結結巴巴或暫停。以下是幾個例子。

· 我來看看。(低頭看筆記)我在找比較有趣的小故事。(瀏覽筆記尋找故事。)

- 所以我們，通常是這樣，好像是1996年吧，5月的時候，他們花了一年的時間才讓網站上線。
- 和珍・奧斯汀同年代的那個人是誰……一直都很嫉妒她的那個人？我一時想不起來。（麥肯琪大喊：「勃朗特」）對了，就是勃朗特。對了，觀眾席裡那位就是我太太，她又救了我一次。
- 最後，是誰的勝利……我忘了剛才說的人是誰了。（貝佐斯看著筆記，告訴觀眾他在想剛才說過的例子。）

你可能看得出來，這不是很流暢的演說。但是貝佐斯演說時非常幽默，不斷令觀眾笑出來，而且他顯然針對主題有很廣泛的知識。貝佐斯在1998年的那一天，做了一場內容豐富的演說，但他的表達、風格以及訊息，在後來的幾年仍持續進步。

演說者天生的強項很重要。天生的強項是我的同事凡妮莎和我運用的基準。如果貝佐斯把他的訊息修飾得更好、把演說過程練習得更熟稔於心，那麼他在湖森大學的演說可能會更有影響力。我們發現，排練演說或簡報至少十次，可以為演說者帶來掌握現場的信心。

我們再來看第二個例子。在湖森大學演說的五年後，貝佐斯於2003年做了一場Ted演說。他的強項仍然不變：創造力、幽默感和對主題的知識（參閱下表）。

表12.4 貝佐斯的簡報強項：2003年的TED演說[4]

強項	貝佐斯的話	備註
創造力	我們剛經歷的榮景與破滅，讓人很想用網路淘金熱潮來類比。	貝佐斯解釋類比的力量，以及為什麼應該用更精確的比喻來取代淘金熱。
	這是2000年「超級盃」所播放的廣告。	貝佐斯非常有創意地在簡報過程中播放一段影片，以解釋他所舉的例子
	網際網路和電力產業有很多相似之處。	貝佐斯不使用淘金熱的比喻，他運用有創意的分析來說明網際網路和電的歷史其實共同點更多。
幽默感	到了1852年，他們心想：我是不是世界上最蠢的人，竟然沒跑去加州？	貝佐斯在整場演說中加入不少他觀察到的一些小事。這句話是在拿1850年代東岸的人開玩笑，當時東岸的人聽說加州的財富後就決定拋下一切，到加州去發大財。
	這是領帶熨斗，但銷售量一直不好。我猜人們覺得他們不會把領帶弄皺。	貝佐斯對舊發明的幽默觀察，好幾次引發鬨堂大笑。
主題知識	左邊這個人是理察・貝弗利・柯爾醫生，他住在費城，走的是巴拿馬路線。	貝佐斯是個不斷成長的說書人。他正在訴說一個真實的故事，有個人放棄很好的工作跑去淘金。
	舊金山塞港最嚴重時有多達六百艘船，因為船一靠港，船員就棄船跑去淘金。	具體的船隻數目讓故事聽起來更可信，並使其更有影響力。
	愛迪生電力公司後來成為愛迪生奇異電器，後來又成為奇異電器公司，支付所有街道的開挖工程費用。	一些細節能使故事聽起來更可信，而且能生動地重現事件。

當我們分析貝佐斯2003年的TED演說時，我們看得出來他還是有幾年前就展現出的天生強項。如果這些有任何改變，那就是他的強項變得更明顯。有所改變的方面則是他的表達。在湖森大學的演說中，貝佐斯在最初的六十秒出現七次無意義的「嗯、啊」聲音。五年後的TED演說中，前六十秒只說了一次「嗯」。貝佐斯看著筆記的時間也比較少、比較少用無意義的詞語，而且句子更緊密、更短。

我們再快轉到2019年，看看貝佐斯針對太空探索和他的公司藍色起源所發表的演講。貝佐斯在TED演說中用電來類比網路的未來，十六年後，我們看到他同樣運用創造力的強項，打造一個引人入勝的多媒體簡報。

到了2019年，貝佐斯已大幅改善他的表達能力。他的句子銳利、精準、簡潔。他看來很自在，不疾不徐。他在說了重要的概念後會暫停，讓聽眾理解這個概念。貝佐斯打造並練習寫得很好的句子：

- 猜猜看，太陽系裡最棒的星球是哪一個？我們送機器人去探測過太陽系所有的星球。地球就是最好的，不是很接近最好而已。這裡真的很好。不要讓我開始抱怨金星有多爛。[5]
- 不是你選擇熱情，是熱情選擇你。
- 看看地球。地球超讚的。
- 這將是個很美的居住地，很美的旅行地點，很美的

就學地點。

· 該是時候重返月球了，這次我們要留在那裡。

· 我今天所介紹的顯然是一個跨世代的願景，不是任何一個世代可以完成的。我們要做的事情之一就是啟發未來的世代。

· 我們要打造前往太空的路，然後就會發生很棒的事。

· 我想激勵未來的太空創業家。人們一旦解開束縛，就能發揮很多創意。

· 這個願景聽起來很宏大，確實如此。這些事情都不容易辦到，全都很困難。但我想要啟發你們。所以，請想一想：宏偉的大事都是從小地方開始的。

　　貝佐斯寫的句子很清楚、精簡，而且結構很好。再加上他的表達方式與吸睛的投影片，這個簡報比他在1998年時，冗長話多、結構雜亂、零散的演說要來得好很多。

　　當你強化自己的強項、盡可能打造最好的訊息，以及練習表達你要傳達的訊息，直到建立起信心能掌握全場，就能為別人帶來啟發。

　　溝通者在職業生涯的每個階段都有進步的空間，但是只有少數演說者會主動追求進步。你也可以和那些脫穎而出的人一樣。

訓練方法

　　錄影是一個簡單有效的工具，能幫助你評估自己天生的強項，以及你需要改善的地方。拿一支手機錄下自己簡報、業務提案、工作面試或其他練習過程。觀看並評估影片中自己的表現，但也要請你信任的朋友或同儕給你回饋。觀看影片時請留意以下這些項目：

・你注意到哪些天生的強項？（例如有創意的語言、強大的寫作能力、設計精美的投影片、良好的儀態、聲音洪亮或有抑揚頓挫、透過有創意的故事來強化訊息。）請欣然接受你的強項並善加利用。

・你是否用太多話來表達你的重點？下次練習的時候，你可以刪掉哪些句子？

・你的投影片是不是文字太多？字體是不是太小？如果你看不清楚文字，觀眾也看不清楚。

・你說話時是不是一直「呃、嗯、啊」？你的句尾是不是有很多煩人的廢話，例如「這樣」、「對」？我們在一般的對話中都會發出沒有意義

的「嗯、啊」的聲音，但是過多這樣的聲音會令
人分心。如果你每一次練習都能減少這樣的聲
音，當你在正式做簡報時，聽起來就會很高雅、
有自信。

· 你的主旨，也就是大綱是否清楚？你每次說的時
候都能始終如一地表達嗎？

錄影是你隨手可得的最佳工具，能幫助你改善
公共演說的技巧。你會驚訝於自己能發現到問題，
以及每一次拍攝都比上一次進步。

下苦功練習，讓賈伯斯成為「天生的」演說家

不是因為你不擅長所以才要練習。傑出的溝通者直覺
就會知道練習的重要性，而且他們總是會花時間去練習。

賈伯斯是我們這個時代最棒的商業故事說書人之一。
他知名的簡報是共同努力的成果：賈伯斯和他信任的團隊
合作撰寫訊息內容、創作投影片，以及進行大量的排練。
和貝佐斯一樣的是，賈伯斯在事業早期就展現天生的能
力，但他花了好幾年的時間才成為一個有群眾魅力的演說
家，他所做的主題簡報可謂傳奇。賈伯斯在公共演說的技
巧上下了很多工夫，而且很認真研究。賈伯斯是在經過多

年的刻意練習後，才發展出充滿活力的演說風格。

　　我們就來看一看，年輕的賈伯斯於1978年時為首次電視訪談做準備的影片。在影片中，可以看到攝影團隊在為賈伯斯準備衛星連線訪談。在短短1分36秒的影片中，我們看得出來賈伯斯一定感覺很緊張。他的行為反映出極度焦慮。舉例來說，我們看到賈伯斯：

- 目光經常在地板、天花板和身邊的人之間遊移。
- 吐氣，說了四次「天啊」。
- 用手指撥頭髮。
- 下巴緊閉、微笑不自然且牙齒緊咬，抬頭時因燈光而瞇著眼睛。
- 坐在椅子上左右扭動。
- 最後還問工作人員洗手間在哪裡，因為他想吐。

　　從影片中看得出來，賈伯斯感覺非常不自在。儘管他很明顯對上電視說話感到焦慮，但是老練的溝通訓練師仍能從他的表現中看出一些天生的強項。

　　如果當時我在場訓練賈伯斯，我會做的第一件事就是幫助他看到自己的強項與可以加強的地方。這些強項後來的確讓賈伯斯變成一個絕佳的說故事的人。舉例來說，雖然賈伯斯很緊張，但他使用的是確定的用語，發音清楚、句子簡潔。他沒有閒聊，而是開門見山。他從情境中找到幽默之處，且說話中氣十足。下表列出賈伯斯在早期的一

次訪談中展現的強項。

表12.5　賈伯斯早期的簡報強項[6]

強項	賈伯斯的話	備註
自信的用語	・那是什麼？（等待聽問題）不，不是。 ・我是嗎？你是開玩笑的吧？ ・請給我一點水。	雖然賈伯斯在攝影機開始拍攝前很坐立不安和緊張，但可以看到他在和攝影機沒拍到的員工說話。當他提出問題並直接和別人說話時，他會避免使用含糊不清的用語，並做出明確、簡單的評論或陳述。
幽默感	・「你看，我上電視了！」賈伯斯帶著微笑調皮地說。 ・「而且你得告訴我洗手間在哪裡，因為我覺得很不舒服，而且隨時可能會吐。我是說真的！」他帶著一抹微笑說。	當一個人能在有壓力的環境下找到幽默感時，這是一個很好的跡象，表示他們在培養公開演說技巧時也會有很強的幽默感。的確，賈伯斯後來以充滿幽默、熱情和個人特色的簡報為名。
語調變化	・這**不是**真的吧？ ・我不必坐在這裡等到你們準備好，**對吧**？ ・我**不是**開玩笑的！	粗體字是影片中賈伯斯調高聲調和音量的部分。我們看到他能改變聲音來強調重點或表達情緒。
精簡的用語	・你瞧瞧！ ・你看，我上電視了。 ・你說真的嗎？ ・我不是開玩笑的！	很容易從這部影片中擷取賈伯斯說的話，因為他使用簡短的句子來提問或陳述一件事。句子的結束和另一句話的開始都很清楚。看得出來這位說話的人雖然有點怯場，但是他能成為一位文筆簡潔的寫作者。

在經過多年的簡報經驗，以及毫不懈怠地為每一次簡報練習，賈伯斯把自己轉變成一位在全球舞台上受人景仰的公共演說家。如果你看賈伯斯職業生涯後期（1998到2007年）的蘋果主題演說，很難相信他曾經在攝影機前表現很糟。後來的他沒有坐立不安、撥頭髮、緊張地晃來晃去，或是眼神飄忽。但是賈伯斯仍維持最早的影片中展現出天生的強項：自信、幽默感、語調變化和簡潔。

賈伯斯於2007年推出iPhone，這是史上最引人入勝、難忘的商業簡報。賈伯斯和他的簡報設計團隊打造的主題演說，不僅提供資訊、引人入勝而且娛樂性十足。在YouTube的那部影片瀏覽次數超過8,000萬次。下表列出賈伯斯如何將天生的強項變成簡報的金礦。

表12.6　賈伯斯的簡報強項：2007年iPhone簡報[7]

強項	賈伯斯的話	備註
自信的用語	・我們不只改變了蘋果。我們改變了整個電腦產業。 ・問題是，它們沒那麼聰明，而且沒那麼好用。 ・這兩種我們都不要。 ・我們要拿掉所有的按鈕，只保留超大的螢幕。	賈伯斯用自信的用語和主動語氣：主詞、動詞、受詞。他很少用被動語氣，而且說話時不會有「嗯、啊」的聲音、含糊不清的用字來拖延故事的發展。

強項	賈伯斯的話	備註
幽默感	·就是這個。（展示有舊式電話撥號鈕的智慧型手機；觀眾笑了出來） ·我們要用觸控筆。（暫停）不要！（語帶嘲諷）誰想要用觸控筆？你得把它拿出來……還會搞丟。才不要！ ·我們發明了一個新的技術，稱為多點觸控……而且天啊，我們已經拿到專利了！（觀眾笑聲）	賈伯斯不是說傳統的笑話，但是他會用幽默的觀察和小故事來娛樂觀眾。
語調變化	·今天（暫停）我們要介紹三個革命性產品。第一個是配備觸控功能的寬螢幕iPod。第二個是革命性的行動電話。第三個是突破性的網路通訊裝置。 ·三樣東西（暫停）：配備觸控功能的寬螢幕iPod、革命性的行動電話和突破性的網路通訊裝置。（暫停）iPod、電話和網路裝置。 ·（速度加快）iPod、電話，你們懂了嗎？這不是三個不同的裝置。（暫停）這是一個裝置。（暫停）我們給它取名為iPhone。	賈伯斯在這一段簡報中的語氣表達完全是天才之作。他知道該在何時暫停、加速，然後重複同樣的話，因為他在簡報前幾週就在練習這樣的表達方式了。結果吊足觀眾胃口，充滿魔力。賈伯斯令觀眾十分著迷。
精簡的用語	·今天，蘋果要重新發明電話。 ·這就是iPhone。 ·這不能用，因為按鈕和控制項目無法改變。 ·行動電話的軟體就像幼兒版的軟體，功能並不強大。	劇本裡幾乎每句話都乾淨俐落。大部分的句子都是簡單的一到兩個音節的英文字。

2007年iPhone上市的簡報，和1978年焦慮不安的賈伯斯電視訪談相隔將近三十年。賈伯斯出現不可思議的轉變。他展現一些天生的能力，但這是因為他堅持不懈、專心致志地撰寫訊息和排練，才能成為全球最令人讚嘆不已的企業說故事者。

成為一個真正有魅力的演說者，並不是要你改變自己。擁抱你獨一無二的特質，為你的強項和能力感到高興。我們都有自己的特質、強項和能力，這些特色是不會改變的，你應該要加以善用。把你的精力花在另外兩個你可以改善的能力：訊息和練習。如果你投資時間做這兩件事，你就能成為很棒的溝通者。這是能實現的。厲害的溝通者會花時間練習，因為時間能讓他們變得傑出。用AMP模式強化你的簡報，你將對成果感到興奮。

13

把使命變成你的箴言

傳教士熱愛他們的產品和顧客。

——貝佐斯

　　一個人說的話、寫的字句能揭露激勵他們的動力。過去三十年來有一個詞激勵著貝佐斯，這個詞出現在他的致股東信裡五百次。現在這個詞已深入亞馬遜的DNA中：顧客。

　　貝佐斯直接告訴世人他最在乎的事，毫不浪費時間。他在1997年第一封致股東信中寫了二十五次「顧客」，為後來亞馬遜的祕訣奠定了基礎：「亞馬使用網際網路為顧客打造真實的價值，希望透過這樣做，創建一個持續的品牌，即使在成熟和大型市場也是如此。」[1]

　　貝佐斯認為，顧客至上不只是個好策略，而且在1997年時是絕對必要的，當時大多數的美國人從來沒上過網，更不用說在網路上購物。貝佐斯說，從如何使用數據機到如何瀏覽網站，全部都必須解釋得「極其詳細」。讓顧客

覺得很容易使用，是帶動亞馬遜迅速成長的原因。

顧客至上的態度後來演變成一種使命，驅動著亞馬遜當時和現在的商業決策。但是使命並不會隨著公司的規模變大而生根、茁壯。公司需要有一個人負責反覆說著使命，才能讓所有人專注於大局。到了1998年，貝佐斯已經把公司的使命說得很清楚了。他說：「亞馬遜打算成為世界上最顧客至上的公司。」接下來的二十三年裡，貝佐斯成為亞馬遜使命的首席推廣者，並把這個使命變成人人都能背得出來的箴言。

講太多次還不夠，還要再加十倍

哈佛商學院教授約翰・科特（John Kotter）認為，大部分的領導者沒有將他們的願景溝通清楚。

科特在《哈佛商業評論》中寫道：「除非有數百人或數千人願意幫忙，而且通常要幫到願意做出短期犧牲的程度，否則轉變不可能實現。沒有可靠且頻繁的溝通，就無法擄獲群眾的心和想法。」[2]

另一方面，貝佐斯是相信溝通使命這件事永遠不嫌多的領導者。他在1998年第一場公開演說中，談到「顧客」多達六十二次。而且他才剛開始而已。後來的二十年，貝佐斯都把顧客放在舞台的中心。下圖是貝佐斯二十四年來致股東信中最常出現的用詞。顧客出現的次數顯然最多。

圖13.1　二十四年來亞馬遜致股東信的常見用詞

　　就像前面提過的，當亞馬遜正式的使命於1998年出現後，顧客至上的理念就開始成形了。在那一年的致股東信中，貝佐斯解釋這個使命應該引導公司每個層級的決策。他寫道：「我不斷提醒員工要擔心，每天早上醒來都要感到害怕。不是怕競爭者，而是怕我們的顧客。」[3]

　　貝佐斯隔年仍繼續釐清這個使命。他說，顧客至上代表亞馬遜人應該傾聽顧客意見、代表顧客進行創新，以及為每個顧客提供個人化服務。貝佐斯後來還說，你不希望公司僱用的只是一些傭兵，你想要公司裡都是傳教士。傳教士重視他們的使命。在「目標導向」的企業成為商業術語前好幾年，貝佐斯就已經開始告訴高階經理人，要將亞馬遜的目標放在心上，並且僱用相信這個使命的人。人們渴望生活中有意義，而且他們想要為自己認同的組織工作。

　　顧客至上的使命是亞馬遜公司文化的決定性要素，並使不同團隊和不同地點的亞馬遜人團結在一起。公司員工

分為三十四個工作類別，包括行銷、工程、營運、倉儲、業務開發、人力資源、產品管理和軟體開發等。不論應徵的職位為何，亞馬遜都會提醒應徵者，極為重視顧客就是公司能成為全世界最受愛戴品牌的原因。這個使命令人很難忘記，因為它就是每一個應徵者和每一個亞馬遜人都應該要知道的第一個領導原則：顧客至上。這個定義是從貝佐斯早期的信中得到靈感。這條原則的內容是：「領導者要先從顧客的立場開始，然後逆向工作。他們要致力於贏得並留住顧客的信任。雖然領導者要注意競爭者，但是要以顧客至上。」

使命就是一切，而貝佐斯從來不會讓任何人忘記使命。

——

正如DNA是生命的藍圖，說明著我們的獨特之處，而使命就是從新創公司到成為大企業的藍圖。共同的使命能讓所有人擁有相同的目標，不論他們做什麼工作或住在哪裡。

還有什麼方法能比把使命變成箴言更容易讓人記住？箴言是一句話、一個標語，一再重複就能累積力量。多加強調就能帶動使命的影響力。

認知心理學家說「**重複曝光效應**」（mere-exposure effect）是一種現象，意思就是當你聽一件事越多次，你就

會越喜歡它。當你聽到公司使命宣言的次數越多，你就會越喜歡它。如果你喜歡一句話並將它內化，就更有可能會根據這句話採取行動。箴言會在你心中突顯這個使命，你無法不去注意它。

貝佐斯並不會溝通不足；他強調使命的程度是一般人的十倍。

貝佐斯幾乎在每一場訪談、每一份備忘錄、每一次演說、每一封致股東信和每一回媒體訪談中，都會堅持不懈地提到顧客至上的箴言。他日復一日、年復一年，持續了二十年。

1999年在CNBC的一場訪談中，貝佐斯提到公司的使命二十一次。那場訪談只有七分鐘，這表示貝佐斯每二十四秒就提到一次顧客。雖然亞馬遜的市值當時已首次超越300億美元，但貝佐斯警告說當時還太早，無法預測哪間網路公司能脫穎而出。他沒有水晶球，但他對這個使命堅定的信念，帶動了他對亞馬遜未來的信心。

「雖然沒有人能保證，但是我相信如果你夠專注於顧客體驗 —— 選擇多元、容易使用、價格低廉、更多資訊 —— 再加上絕佳的顧客服務，我認為就會很有機會成功。」[4]

CNBC的記者問道：「你只做網路嗎？」

「不管是不是網路。這不重要。你應該投資的是顧客至上的公司。」

然後貝佐斯用一個很強大的修辭工具來強化他的主要

訊息。他把訊息放一邊，開始做出下面這個結論：如果關
於亞馬遜有一件事需要知道的話，那就是這間公司是「徹
頭徹尾的顧客至上」。

訓練方法

　　當你的句子開頭是「如果有一件事需要知道，
那就是……」，不管後面說的是什麼，聽眾都會記
住。他們會寫下來並把這個訊息分享給其他人，因
為這就像在心裡用螢光筆標記。以下還有幾個其他
用語，你可以用來強調你要說的重點。

- 「你需要知道最重要的是……」
- 「如果要從這場簡報中學到一件事，那就
　是……」
- 「我可以告訴你的是……」

　　你的觀眾要的是路線圖，所以請引導他們前往
你想讓他們去的方向。

不同於大部分的領導者沒有充分地溝通公司的使命，

貝佐斯一直重複他的箴言，直到所有人都把箴言內化了。他對目的導向的展望，啟發他和對這個使命同樣有熱情的人合作。其中一個合作夥伴是一位創業家，他的公司是以創辦人想要把幸福帶給每一個人而聞名的網路鞋商Zappos。

顧客至上，以客為尊

「當我看到顧客至上的公司，我就會愛上它。」[5]貝佐斯在談到亞馬遜以12億美元收購Zappos時這麼說。

Zappos執行長也是文化大師謝家華（Tony Hsieh），幾年前拒絕過貝佐斯的收購提案。謝家華建立了一種傳奇文化，它定義了卓越的客戶服務——不論線上或實體。謝家華不把他在Zappos的角色當成一份工作，而是一種召喚。

2009年4月時，謝家華飛到西雅圖和貝佐斯開了一小時的會。謝家華說：「我做了Zappos的標準簡報給他看，內容主要是說明我們的文化。簡報快結束時，我開始談到幸福的科學——以及我們試著用這個科學為顧客和員工提供更好的服務。」[6]

貝佐斯打斷他並說：「你知道人們很不擅長預測什麼事能讓他們感到幸福嗎？」

沒錯，謝家華同意他的話。「但顯然你很擅長預測PowerPoint的內容。」

貝佐斯的觀察和謝家華的下一張投影片上的文字完全

一樣。

謝家華說：「就在那一刻之後，氣氛變得很自在。顯然亞馬遜開始欣賞我們的公司文化以及我們的高營收。」

貝佐斯錄製了內部影片宣布收購Zappos。他在影片中沒有用PowerPoint或精緻的圖片，而是指向一個簡單的掛圖。

他說：「我們犯過錯，也學到教訓。但我知道一件事。你必須以顧客至上。我們從一開始就是這麼做的，這就是亞馬遜以任何形式存在的唯一原因。如果要選擇專注於研究競爭對手還是要以顧客至上，我們永遠選擇顧客至上。我們從顧客開始，然後逆向工作。」[7]

謝家華繼續擔任Zappos執行長，但年薪減少3.6萬美元。在接下來的十一年裡，他一直擔任這個角色。放棄一份工作很容易，放棄召喚卻很難。

謝家華於2020年11月，不幸於一場火災中身亡。

貝佐斯聽說謝家華的死訊時寫道：「這世界太早失去了你。你的好奇心、願景以及堅持不懈專注於顧客，在這世界留下了永恆的印記。」

———

貝佐斯在2018年彭博電視的訪談中告訴大衛·魯賓斯坦：「目前為止，我們的成功最主要的原因就是顧客至上，而不是關注競爭對手。任何一間公司若能以顧客至

上，而不是去研究競爭對手，那就會是個很大的優勢。」[8]
那間從西雅圖的車庫開始、只有11人的小公司，現在已經
在全世界擁有超過160萬名員工，並且與美國經濟密切相
關。雖然從1994年成立至今，亞馬遜已經變了很多，但有
一件事仍是從第一天開始就維持不變——堅持一個最重要
的使命，一個驅策創辦人和繼任者的使命。

當亞馬遜網路服務事業的前主管安迪·賈西將繼任成
為亞馬遜史上第二位執行長的消息公布後，記者跑去問亞
馬遜的早期投資人約翰·杜爾的意見。他們問：「亞馬遜
會失去優勢嗎？」杜爾回答，他認為亞馬遜在賈西的帶領
下仍會繼續茁壯，因為新的領導者已經將公司的使命和箴
言內化了。杜爾對亞馬遜的未來感到有信心，因為「顧客
至上」太深植於公司文化中了；而且是從「第一天」就開
始。

使命很重要。企業領袖經常面對用共同目標來凝聚公
司裡每個人的困難任務。在遠端工作的員工更使得這個任
務困難重重。當你的訊息是在人與人之間、部門與部門之
間傳遞，很容易會被淡化或被忽略。解決之道就是釐清你
的任務，並且反覆說明到你自己都聽到耳朵長繭了。但是
**當你團隊中的人開始說出和你一樣的話，而且根據你傳達
的訊息採取行動時，你就知道他們已經將使命內化。這時
你就創造出一群傳教士了，他們會為你突破任何阻礙。**

在下一節中，你將學到如何辨識出能驅策你商業決策
與生活選擇的使命。我也會提供你明確的訣竅和技巧，將

你的使命變成一個箴言，讓所有人都朝向一個偉大、夢幻且難以抗拒的目標前進。

蘋果的核心

亞馬遜的驚人高速成長，讓公司在1997年時獲得上市機會。同一時間，西雅圖南方八百英哩處，另一間也是由一個有遠見的人所領導的公司則是瀕臨破產。

賈伯斯在離開了十二年後又重返蘋果，而且此時公司正陷入破產危機。賈伯斯發現蘋果的經營團隊對公司造成很嚴重的傷害，導致公司大失血。當亞馬遜在增聘人力時，蘋果則是在精簡人事。超過三分之一的蘋果員工被裁員——也就是約4,000人。

賈伯斯診斷公司的問題後表示，蘋果違背了核心使命，亦即創造設計精美的電腦產品以令顧客滿意。賈伯斯說，蘋果有三成的產品很棒，是真的「珍寶」。但是有七成的產品很糟，且分散了熱門、高品質產品的資源。

1997年10月2日在一場CNBC的訪談中，賈伯斯說：「如果上梁正，下梁就不會歪。」[9]賈伯斯相信如果一間公司的策略正確，對的人、對的文化和業績就會跟上來。賈伯斯說身為領導者，他的焦點就是產品和溝通策略。他說，蘋果的員工必須認同一個共同使命，並且再次致力於實現公司的價值觀。他的工作就是「披荊斬棘」，這樣員工和顧客才能看到路。

蘋果員工需要的不只是士氣喊話。他們需要知道他們的工作比自己更重要，而且他們日常的任務支持著這個使命。他們渴望意義。

賈伯斯在CNBC的訪談前幾天，於9月23日在一場機密的內部會議上對蘋果員工說話。當時他回到蘋果才八個星期，就知道自己該做什麼——用使命和箴言激勵團隊。

賈伯斯一開始就說：「我們要回到基本，提供好的產品和好的行銷。」

首先，賈伯斯提醒觀眾，蘋果的品牌價值「就和Nike、迪士尼、可口可樂、Sony一樣」[10]。但就算是很棒的品牌也需要投資和照顧，「才能維持重要性和活力。」

賈伯斯說，公司想要讓品牌重返榮耀，就不能再談「速度和進給量（speeds and feeds）、MIPS（每秒執行百萬指令數）和兆赫」。顧客才不在乎這些。他們在乎的是他們的目標、希望和夢想。

然後賈伯斯問了幾個反問句：蘋果是誰？我們代表什麼？我們在世界的位置是什麼？我們要顧客知道關於我們的什麼事？

他說蘋果不是「製造讓人們把工作完成的箱子。我們的核心價值在於，我們相信有熱情的人可以讓世界變得更好，我們就是在為這些人製造工具。」

在賈伯斯說這些話的時候，蘋果距離成功還很遙遠。那年稍早的夏季，賈伯斯對他在十年前收購的動畫公司皮克斯的經營團隊表達他的焦慮。賈伯斯告訴他們，他可能

救不了蘋果，但他必須試一試。賈伯斯真心相信，有蘋果的世界會更好。公司的使命激勵賈伯斯重振品牌的渴望，他說如果他能讓所有人支持這個使命，就比較有可能讓蘋果起死回生。

　　亞馬遜是企業史上最成功的故事之一，但蘋果則是企業史上最了不起的敗部復活故事。在賈伯斯對員工演說後二十三年，蘋果成為第一間市值達2兆美元的美國企業。使命很重要。

賈伯斯使用190級字的原因

　　蓋伊．川崎的前老闆賈伯斯，教了他很多關於簡化訊息的知識。川崎了解到只要用幾個字就傳達出引人入勝的使命。使命宣言應該有多短？短到能以190級字在一張投影片上說完。

　　190級字的規則是川崎向賈伯斯學的。大部分的人在一張投影片裡，用小字塞入過多文字。包括川崎在內的簡報設計專家說，投影片完全不該用小於30級的字。賈伯斯用的字級甚至更大，且大得多。為什麼？川崎說：「比較大的字更好讀。還用說嗎！」[11]

　　是的，這樣比較容易讀。**如果別人看不到你的使命，那麼不管你寫得再好也沒用**。賈伯斯用大字還有一個策略性的原因。這麼做會迫使演講者使用更少字來傳達自己要說的話。就像你在第3章中學到的，刪掉多餘的字會讓留下

來的字更有力量。

賈伯斯於1997年向員工揭曉公司的核心目標時說：「瘋狂到去改變世界的人，都是會改變世界的人。」賈伯斯的投影片上只寫著：「獻給瘋狂的人。」

目標的鬥士

全食超市的共同創辦人約翰・麥奇說：「對領導者來說，有效的公共演說和溝通技巧一直都很重要。目標是基礎。讓人們認同目標則是有意識的領導者的首要工作。」[12]

組織的目標不只是一句口號，儘管它經常會變成公司的箴言。麥奇寫道：「如果一個組織還不清楚自己更崇高的目標為何，發崛這個目標的關鍵就在於找出組織價值主張的核心優點。」

換句話說，目標未必是你所販賣的產品或服務。目標是你做的事如何讓社區變得更好，以及提升顧客的生活。

麥奇自1980年共同創辦全食超市那天起，公司的目標就是「滋養人群和地球」。這個使命一直深入品牌所傳達的訊息中，亞馬遜於2017年以137億美元收購全食超市後，這個使命繼續滲透在麥奇訪談中說的話。

麥奇說，企業合併就像婚姻。全食超市和亞馬遜就像一見鍾情，接著是旋風般的戀愛。它們合併三年後我遇到麥奇，這段婚姻仍十分穩健。

麥奇說他從認識貝佐斯那天起就很欣賞他。這兩位企

業家有很多共同點，包括**打造一個以使命為導向的品牌**。

　　全食超市就像合併它的夥伴一樣，從「第一天」開始就是目標導向的。全食超市的使命是激勵人們吃自然、健康的食物，讓世界變得更好。麥奇雖然宣布從他經營了四十四年的公司退休，但是他仍說自己是全食超市的「目標鬥士」，他認為所有領導者都應該以此自居。麥奇說：「每一間公司都需要一些人維持公司崇高的目標……最能激勵人或轉變組織的方式，就是在工作中發現更高的目標。」[13]

　　麥奇的建議是有資料為證的。

　　根據德勤太平洋企業管理諮詢（Deloitte Consulting）的一份報告，「目標導向的公司，生產力和成長率都較高。目標導向的組織的創造力也高出30%，人員留任率比其他公司高出40%。」[14]該研究發現，無法向顧客、員工、合作夥伴和投資人說清楚公司目標的領導者與組織，「可能會落後或甚至完全失敗。這個趨勢只會更明顯，因為比之前的世代更有目標感的年輕消費者長大後，會更想要尋找與自己價值觀相同的品牌。」

訓練方法

一個成功的策略首先要有**清楚、引人入勝**，且

可一再重複說明的使命。用語很重要。用語定義了你的行動，而你的行動決定了你的結果。要使用精確的用語，以及你可以一再重複說也不會感到不自在的用語。將使命濃縮成五秒就能說完的話（12個英文字以內）。亞馬遜是美國最大的企業，公司的使命可以用4個字說完：顧客至上（Earth's most customer-centric company）。

　　有許多成功品牌的領導者，都能清楚、一致且反覆說明公司首要的目標。例如：

· Nike：為世界上每一位運動員帶來靈感和創新。
· 聯合利華：創造永續的共同生活空間。
· 特斯拉：加速世界永續運輸的轉型。
· TED演說：散播思想。
· Twilio：為溝通的未來注滿能量（Twilio創辦人傑夫・勞森在擔任亞馬遜網路服務部門主管時，了解到使命的力量。）

　　請用簡短的話說出使命，不要浪費每一個字，並反覆說，直到你自己都聽膩了，然後還是要繼續說。

新冠疫情提醒我們，關於未來唯一可以確定的事就是未來是不確定的。**當領導者在面對職場上前所未有的變化時，應該重新開始說明公司的目標，並且盡可能生動、頻繁地說清楚**。麥奇提醒我們：「崇高的目標就像一個活生生的東西：必須被培育。在過程的每一步，領導者的角色都是去尋找、完善和捍衛這個目標。」[15]

修伯特‧喬利（Hubert Joly）同意麥奇的說法，公司「崇高的目標」能令顧客感到愉快、吸引員工投入，以及獎勵股東。但是目標需要一個代言人來為它奮鬥。喬利和亞馬遜達成一個不太可能成真的合作關係，令商業界大感意外。在擔任電子產品連鎖零售商店百思買的執行長時，喬利聽說亞馬遜會改變消費者的習慣，終結大型實體電子產品商店。喬利並沒有因此把亞馬遜視為自己存在的威脅，而是決定展示亞馬遜的產品以創造互利的關係。喬利在他的書《企業初心》（*The Heart of Business*）中詳述百思買的轉捩點。

根據喬利的說法：「百思買的崇高目標是透過科技豐富生活，釋放重要的創新和成長。」[16]喬利說，員工會支持崇高的目標，顧客會深切認同這樣的目標，但需要一個領導者來擔任說故事者、目標的鬥士。喬利寫道：「我們的大腦天生就是透過說故事來連結的。訴說日常的故事——員工、顧客、社區的故事，以及他們如何影響彼此的生活——能培養一種目標感，與我們工作的地方和一起工作的人建立起感情。」

你的員工想要知道為什麼他們重要，以及他們做的事為何重要。所以你做的所有事、寫的所有文字、說的所有話，都必須和這個目標有關。因為一旦人們相信這個使命的目標，他們就會願意去執行。

一場停電，激發一個價值1,500億美元的概念

1957年10月31日的萬聖節提早開始了。早上9點，一個變電所爆炸導致明尼蘇達和威斯康辛州部分地區停電。那天午夜前，大部分的住家都已恢復供電。入夜前，門廊的燈就已經亮起，兒童和每年萬聖節一樣開始挨家挨戶討糖果。但有些人沒那麼幸運。

醫院裡有些心臟手術後正在休養的病患，連接著心律調節器以調節心跳。當時的心律調節器是一個既龐大又笨重的箱子，而且還要插電。從那個年代的剪報可以看到，病患能離開插座的距離要視電線有多長而定。

現在的心律調節器是直接植入體內。不幸的是在1957年時，有些心臟手術的病患因為停電而死亡——包括一名兒童。

醫療設備修理工厄爾・巴肯（Earl Bakken）因為這件事而深受打擊，他躲在自家車庫裡認真研究了四個星期。當他再走出車庫時，他打造出了第一部電池發電的心律調節器。他說：「我們不會再因為停電而失去任何一個孩子。」[17]

巴肯和他的公司美敦力（Medtronic）一年後發明了世上第一個植入體內的心律調節器。現在，每一秒都有兩位病患受惠於美敦力的產品。

巴肯如何將第一個月只賺8美元的一人修理店，轉變成市值1,500億美元的醫療設備公司？

巴肯說，一切都是從一個引人入勝的使命開始的。他說：「使命引導著我們每天的工作，並提醒我們每天都在改變數以百萬計人們的生活。」[18]

巴肯在青少年時期就決定，他人生的使命就是要用科學來幫助別人。這是個很籠統的夢想，卻是很遠大的抱負，並驅動著巴肯對發明的好奇心。在他最需要使命宣言的時候，他早已是使命宣言的信徒。

1960年時，巴肯的公司面臨財務困境。公司營收不足以支付他製造醫療設備所需的員工人數。巴肯向銀行貸款，大部分的銀行都拒絕了他。

有一間銀行雖然核准了貸款，但是要指定一個人加入董事會以監督公司的財務。這位銀行指派的董事會成員建議巴肯坐下來、拿起筆寫下他希望公司的意義是什麼。

董事會拒絕了巴肯一開始寫的美敦力使命宣言。接下來兩年，他根據董事會的建議繼續修改。

1962年時，巴肯和董事會接受了一項引導公司決策的使命，而且持續到現在

美敦力的使命全文如下：

促進人類福祉，將生物醫學工程運用於研究、設計、製造和銷售可減輕疼痛、恢復健康和延長壽命的設備與裝置。

較短的版本，也是美敦力員工熟記的版本如下：

減輕疼痛、恢復健康、延長壽命。

就在巴肯高齡94歲過世前不久，他錄製了一段影片給員工。他再次說出公司的使命，並提出一個請求：「我請你們每天都以此為生活的目標。」[19]

今天的美敦力是世界上最大的醫療設備製造商。有逾9萬名員工從事開發產品和療法以治療七十種健康問題。雖然他們分別在150個國家，但全都肩負同一個使命為一間公司工作。

巴肯說，當員工看到他們的工作能直接嘉惠數以百萬計的病患時，「他們會肯定自己付出的努力。」

從各界讚譽中就可以看得出來。《華爾街日報》稱美敦力是世界上經營得最好的公司之一，《財星》稱美敦力是最受敬佩的公司，而《富比士》則稱美敦力是最適合畢業生求職的公司。

美敦力的員工很容易記得公司的使命，因為他們會收到鑴刻著使命宣言的獎章。從1974年起，美敦力就在世界各國的分公司舉辦「獎章儀式」。這個儀式是一個讚揚目

標的儀式。新進員工會收到一個刻有公司目標的獎章，以不斷提醒他們自己的工作很重要。這個獎章將使命轉變成實際的象徵符號，凝聚人們實現共同的目標。在下一章中，你將學到更多有關象徵符號的內容，及如何使用它們來提醒自己公司的使命。

熱情的執著會找上你

麥克・莫里茲（Michael Moritz）會投資一些別人忽略的瘋狂點子，包括投資在車庫裡打造出蘋果的那兩個人。莫里茲也透過他傳奇性的創投公司紅杉資本（Sequoia Capital）投資谷歌、Airbnb、PayPal還有WhatsApp等公司。

莫里茲曾在《富比士》的一場訪談中告訴我：「做了不起的事情的人，通常都對自己做的事很執著。」[20]莫里茲將「執著」定義為被一個想法深深吸引，沒有別的選擇只能去做。這個想法日夜都緊緊跟隨著你，它不會放過你。貝佐斯曾說，執著是你個人堅信的想法。他還說，你不用去追求熱情，是熱情找上你。

我們現在知道，貝佐斯的執著找上了他。我們知道蘋果、全食超市和美敦力的創辦人都是從想法開始的，然後被比產品更重要的目標所驅策而改變了世界。

你的使命會和他們的不一樣。這是獨一無二，屬於你自己的使命。一旦你找到自己的使命，就要和別人分享。聲明你的使命。大聲說出你的使命。向別人宣布你的使

命。在社交媒體上公布你的使命。用生活實踐使命。最重要的是，要讓與你的人生交會的所有人都銘記在心中。你可能會激發他們加入你的追尋行列。因為值得打造的東西都不是只靠一個人就能完成的，你需要吸引最好和最聰明的人。把你的旅程變得難以抗拒，人們就會樂於加入你的冒險。

14

象徵符號能傳達重要的想法

象徵符號會有強大的效果。

—— 貝佐斯

貝佐斯正在打造一座在亞馬遜買不到的時鐘。這座五百英呎高的時鐘將坐落在德州西部的山區。這座（到目前為止）造價逾4,000萬美元的時鐘將能報時一萬年。工程師正在設計這個極為複雜的機械時鐘，指針一年只走一格，每一千年才會報時一次。

先別急著把這個計畫當成霍華·休斯（Howard Hughes）式的奇想（譯註：霍華·休斯是美國知名企業家，除了有驚人的龐大願景外，他也以性格古怪聞名。他的投資將拉斯維加斯從不毛的沙漠之地變成繁華璀璨的賭城。他也是出資建造史上第一架巨無霸飛機的人。電影《神鬼玩家》就是他的傳記電影），且聽聽貝佐斯對這個萬年時鐘的說法：

這個時鐘象徵著長期思維。這個象徵符號之所以重要有幾個原因。第一，如果我們有長期思維，就可以實現只有短期思維辦不到的事。如果我跟你說，我要你在五年內解決世界饑荒，你絕對會拒絕這個挑戰，而且拒絕是正確的決定。但是如果我說，我要你在一百年內解決世界饑荒，那會比較有趣一點。你會先打造一個可以造成這個改變的條件。我們不是改變挑戰，我們改變時間的範圍。時間的範圍非常重要。我要指出的另一件事就是，人類的科技越來越精密複雜，而且很有可能會對自己造成非常大的危險。我認為，人類這個物種必須開始有長期思維。所以，這是一個象徵符號。我認為象徵符號會有很強大的力量。[1]

貝佐斯建立了一個網站，讓大家知道這個時鐘的進展，但是想去看這座鐘需要毅力。從最接近的機場開車過去要好幾個小時，你還必須在兩千英呎高的山谷中，走一段崎嶇不平的山路才能到達。而且別期望很快就能看到這座時鐘。貝佐斯說，這座時鐘「未來好幾年」都還不會完工。[2]

貝佐斯說，**比競爭對手思考得更長遠，是帶動亞馬遜的創造力引擎之一**。這個地標性的時鐘是一個象徵符號，代表這個哲理的標誌物品。

象徵符號深植於古老的大腦中

撰寫《亞馬遜逆向工作法》的亞馬遜前高階主管比爾‧卡爾說，創造亞馬遜文化的祕訣有四個要素：顧客至上、長期思維、渴望創造以及卓越自豪。卡爾說：「亞馬遜對這四個核心價值的付出從來沒有鬆懈。而這也是2015年時，亞馬遜比世界上任何其他企業還要更快突破全年營收1,000億美元的主要原因。」[3]

卡爾說，Amazon Prime Video已有上億的觀眾，這是經過十年研究、開發與內容收購的成果。「如果你想打造龐大又能持續的東西，就必須要有長期思維。如果某個想法無法在一季或一年內創造獲利，許多公司就會放棄那個想法。亞馬遜則是會繼續研究五、六、七年──持續投資，不斷學習和改進──直到它發展起來並獲得認可。」

我們已經談過，當貝佐斯開始擔任亞馬遜的執行長時，他不斷用文字和話語提醒員工亞馬遜的核心價值。但他也會使用第三種很有效的溝通策略：象徵符號。

貝佐斯很喜歡像萬年時鐘這麼大的象徵符號。他也很喜歡有重大影響力的小象徵符號。舉例來說，對一個技巧純熟的溝通者來說，一張沒人坐的椅子就充滿了意義。

約翰‧羅斯曼（John Rossman）說：「亞馬遜成立初期，貝佐斯會在董事會會議室桌前放一張空的椅子。他告訴出席者，應該把那張椅子當成顧客的位子，那是會議室裡最重要的人。」[4]羅斯曼和貝佐斯密切合作，他是推出

Amazon Marketplace的重要人物，現在亞馬遜銷售的半數產品由他負責。羅斯曼非常能認同那張椅子，他從沒忘記椅子這個象徵符號和它的意義。

那張椅子的作用是讓每一次討論都圍繞著「怎樣對顧客最好？」根據羅斯曼的說法，那張椅子是許多經過精心策畫、高度象徵性的一種表示，用來重複核心訊息以強化亞馬遜的領導原則。在這種情況下，每一個決策都必須考量顧客的觀點。

———

啟迪人心的領導者會帶著熱情、目標和願景與人溝通。他們會用譬喻和類比、故事和軼事來傳遞想法。象徵符號是一種修辭工具，它們能喚起很強的感官體驗。因為我們的感官已進化成會互相合作——視覺會影響聽覺、嗅覺會影響味覺——所以當我們同時受到多個感官的刺激時，學習效果會最好。

象徵符號是一種能代表想法的東西（影像、物件或地方）：時鐘代表長期思維、空椅子代表顧客的聲音。符號比語言還要更早出現，所以符號的象徵意義深植於古老的大腦中。最平凡的物品可以代表深奧的想法。舉例來說，門什麼時候不是門？當它變成了桌子的時候。

1998年夏季，就在瑞德・海斯汀和馬克・藍道夫推出Netflix後，這兩位創業家就接到貝佐斯邀請而前往西雅圖。

雖然亞馬遜當時只從事書籍業務，但貝佐斯的願景是打造一個「什麼都賣的商店」。銷售音樂和影片是很合理的下一步。

藍道夫記得看到亞馬遜克難的工作場所時感到很驚訝。雖然亞馬遜當時還是新創公司，但員工人數已成長至600人了。然而公司沒有一般高雅的辦公室會有的辦公桌，員工是在回收的桌子上工作。原本應該是門把的洞裡塞了一個圓形的木塞。

藍道夫笑著說：「好吧，傑夫，為什麼會有這些門？」[5]

貝佐斯解釋道：「這是刻意為之的訊息。公司裡每個人都知道。這是在說，我們把錢花在對顧客好的東西上，而不是花在對顧客沒用的東西上。」

當時貝佐斯提議以1,500萬美元收購Netflix。創辦過很多公司的藍道夫認為，這個提議是不錯的創業回報。現在擔任Netflix執行長的海斯汀說服他放棄。他們還沒準備好交出新創公司的掌控權。他們決定拒絕這個提議，「客氣地婉拒了」亞馬遜。

雖然Netflix的兩位共同創辦人還不想賣掉公司，但貝佐斯卻給他們留下了深刻的印象。藍道夫記得，貝佐斯的願景是激發員工的忠誠。貝佐斯透過他說的話、寫的文字以及為他的話賦予生命的象徵符號，來傳達他的願景。

效果強大的象徵符號可以有許多形式。

符號是強大的修辭工具

　　視覺符號是人們可以看到和觸摸的影像和物體。硬幣和旗幟是視覺符號，空椅子和把門當成桌子也是視覺符號。

　　聽覺符號是你聽到的東西。激動人心的音樂或隊呼是聽覺符號。在亞馬遜早期，鈴聲代表銷售。一開始當公司一天有六筆訂單時，鈴聲很有激勵作用。當公司的銷售量飆升，鈴聲就從激勵變成了惱人。這個象徵符號的壽命很短。

　　空間符號是帶有特殊意義的地點和空間。建築和空間會訴說故事。貝佐斯在亞馬遜工作的大樓名稱是「第一天」。當他換辦公地點時，他也會把這名稱一起帶走。這個簡單的詞呈現出一間新創公司的活力，也提醒他不論組織成長得多大都要莫忘初衷。

　　溝通可以用不同的語言，而象徵符號是一種很重要的語言。沒錯，金錢能給人動力；但是研究人員發現，意義也是一個強大的動力。在《自覺的領袖》（*Conscious Leadership*）一書中，全食超市共同創辦人約翰・麥奇寫道：「為了讓一個更崇高的目標成功引導和激勵組織，必須讓人員都清楚這個目標。一個很好的範例就是貝佐斯在亞馬遜成長的初期，大家就知道他經常說公司是『全世界最顧客至上的公司』，他溝通的方式就是在會議室裡放一張空的椅子代表顧客。像這樣實際的象徵符號是一個很好

的提醒，將公司的使命灌輸到每個人的決策中。」[6]

　　你可以激勵一群人化腐朽為神奇，但是你必須運用所有的溝通工具才能達成。所以別忘了把象徵符號這個工具拿出來放在桌上，即使桌子真的是一扇門也沒關係。

15
將數據人性化

人類不擅長理解指數型的成長。

—— 貝佐斯

2,300%。這個數字對你來說可能沒什麼，但貝佐斯卻感到非常驚豔。他因為這個數字而打造了一間公司，觸及你生活的幾乎所有層面——從你購物的方式、你選擇的娛樂，到你與全世界數百萬政府、大學與企業人士數位互動的方式。

1994的春季，貝佐斯在華爾街的投資公司德劭公司（D. E. Shaw）工作。有一天，貝佐斯的老闆交給他一個任務：研究網際網路的商業潛力。當貝佐斯仔細查看堆積如山的研究報告時，一個小東西吸引了他的注意：網路使用量正以2,300%的速率成長。他後來稱之為警鐘，因為「沒有東西會成長得那麼快。這極為不尋常。」[1]

貝佐斯是在一份有關網路電腦系統的月刊（*Matrix News*）中看到這個統計數據。雖然別人也看到了同樣的數

字，但貝佐斯馬上就了解背後的意義。他後來說：「人類不擅於理解指數型的成長。」

　　貝佐斯說得沒錯。透過複利的魔法，一開始看似很小的數字可以增加至非常巨大的數字。愛因斯坦說複利是「世界第八大奇蹟」。複利的過程能解釋為什麼以複利7%、一個月投資25美元，四十年後的報酬會增至65,000美元，但其實你投入的金額只有12,000美元。同樣的現象也解釋了當只有少數新冠病毒病例在城市和鄉村出現時，為什麼病毒學家會提出警告。如果一個病人傳染給兩個人，這兩個人就會再傳染給四個人，四個人再傳染給八個人，依此類推。指數型成長解釋了為什麼美國會從2020年1月21日只有一個人新冠病毒確診，到五週後變成嚴重的流行病。

　　指數型成長不同於線性成長。大部分的人都很熟悉線性成長率：如果你院子裡的番茄盆栽一天長3顆番茄，今天你就會有3顆番茄，隔天會有9顆。兩週後，你可以自豪地說那個盆栽總共長出42顆番茄。

　　指數型成長則較難理解。假設有一個魔法果園，你發現了一個肥料祕方，能讓你的番茄成長加速：每1顆番茄可以長出3顆，這3顆的每1顆又再長出3顆，依此類推。經過兩週的指數型成長後，你就需要更大的果園才能容納1,594,323顆番茄。

　　這種加速的方式被嚴重誤解，心理學家有個詞來形容：指數型成長偏誤（exponential growth bias）。如果不了解這個簡單的數學上的錯誤，就會在真實世界裡有嚴重的

後果；如果能好好了解、就會有很大的機會。貝佐斯了解指數型成長，看得出隱含的意義，並且善用數據背後的故事。

唯有了解數字所訴說的故事，數據才能引導人們行動。

在高科技世界裡的古老大腦

國際數據資訊（IDC）預估，全世界的資料總數若以複利年成長率60%來計算，將從2018年的33ZB增加至2025年的175ZB。如果沒有說明，你很難理解這個數字的意義。換個方式來說：175ZB相當於1兆GB。這麼說你還是無法理解嗎？我們再換個方式來說：如果你將175ZB的資料存放在DVD光碟片裡，那麼這些光碟片疊起來可以繞地球222圈。[2]

你想說服的對象被越來越大量的資料轟炸──資料量多得令他們的大腦無法處理。我們的大腦演化成只能處理從一到七的小數字，而不是我們每天接收到令人頭昏腦脹的大量數字。但是數據或資訊內含寶貴的見解，可以改變每個領域、產業和每個人的生活。數據能帶動一波波的創新和各種突破，從醫療、製造、永續性，到我們生活世界的任何方面──重點是，人們必須先了解數據背後隱含的意義。

說到數字，吸引別人注意並且說服他們對你的想法採取行動的祕訣，並不在於用更多數字、統計數據與資料點

將他們淹沒。祕訣在於先不要急,然後小心選擇你的目標——**找出你的觀眾需要知道最重要的數字**。下一步就是**使數據讓人可以感同身受**。

第6章中提到人腦是一部類比的機器,不斷將新穎和抽象的事物拿來與舊的和熟悉的事物相比較。當你將新的想法和觀眾已知的東西做比較,他們才比較可能會接受。相同的方法也適用於數據。認知科學家說:「人們很難理解超越人類所能感知的規模的東西。」[3]太小的數字,例如毫微秒(nanoseconds,十億分之一秒),或是太大的數字,例如宇宙中恆星的數量,都超出我們心智所能感受到的。幸好,有簡單的方式可以重新丈量數字,把數字變得容易理解。最常見的是用尺寸、距離及時間來做比喻。

尺寸

尺寸和重量的比喻很常見,因為很有用。貝佐斯很喜歡這樣的比較,他很早就開始這麼做,而且他經常在致股東信和公開簡報中使用這種比較:

· 如果你把亞馬遜網站的產品列印成目錄,會印出相當於四十本紐約市電話簿的厚度。[4]

· 我們開始提供顧客的東西是他們從其他地方得不到的,我們一開始先賣書。然後給顧客更多選擇,比實體商店還多很多(我們的商店現在可占據六個美

式足球場的大小）。[5]

· 我們的電子產品商店現在有超過四萬五千個品項
（比你在實體電子產品商店能找到的選擇還要多七
倍）。[6]

　　貝佐斯之所以成立藍色起源，是為了因應人口成長，
人類將有可能遷居至太空。你應該會覺得，這是個很大膽
的願景，這距離我們的時代還很遠。貝佐斯必須運用過去
三十年來他不斷精進的所有修辭能力，來解釋他為何要創
辦藍色起源。毫不意外，貝佐斯利用數據的比較，來說明
地球資源是有限的：

　　全球能源使用量的複利率為一年3%。一年3%聽起來不
是很多，但是幾年下來複利的力量就會非常大。一年3%、
以複利計算，相當於每二十五年，人類的能源使用量就翻
倍。如果以今天的全球能源使用量來看，把內華達州全部
覆蓋太陽能板，就能為所有東西供電。看來是個很大的挑
戰，不過是有可能的。但是只要過兩百年，我們得就把整
個地球全部覆蓋太陽能板才夠用。這是個非常不切實際的
解決方法。[7]

　　貝佐斯說，解決之道就是在太空建立殖民地。

————

賈伯斯熱愛使用尺寸和重量來解釋數據。在《大家來看賈伯斯：向蘋果的表演大師學簡報》一書中，我提過很多賈伯斯解釋數據的例子，其中最令人難忘的就是介紹iPod上市的簡報。2001年時，賈伯斯推出蘋果第一部iPod，徹底改革了音樂產業。賈伯斯知道沒有幾個人能理解或在乎這部裝置能儲存5GB的資料（音樂）。「但是等等！」他說。iPod不只是5GB的資料而已，它是「把1,000首歌放進你的口袋裡」。然後，賈伯斯以魔術師般的花俏手勢，將iPod從牛仔褲的口袋裡拿出來，觀眾驚豔不已並大聲歡呼。

　　在我撰寫本書時，有一群科學家邀請我前往一個安全性極高的政府實驗室，他們在為未來的世代研究能產生乾淨、可靠、豐富能源的技術。他們給我看世界最大的雷射，它實際上由一百九十二支光束所組成，放在「三個美式足球場」大小的建築裡，瞄準一個只有「橡皮擦」大小的目標。核融合（fusion power，這是太陽產生能量的過程）的研究被認為是科學上的大挑戰。但是部分的挑戰在於把複雜的科學轉譯為日常用語，以吸引資金、合作夥伴與媒體的注意。每一位為我導覽的人——從實驗室主任到執行實驗的科學家——都使尺寸的比喻來解釋他們的工作。他們全都受過訓練，用人們能理解的方式來解釋龐大的數字。

　　用人們都能理解的尺寸和重量比喻，就能將數據變得容易理解。

距離

　　使用距離是另一個把數據變得容易理解的方式。我曾與亞馬遜網路服務（AWS）的一位高階經理人合作，幫助他為Snowball服務簡報——Snowball是一些設備，顧客可以用來將龐大的資料檔案安全地傳輸到雲端。「AWS的Snowball設備將資料從本地傳輸到AWS設備，傳輸的距離相當於繞行地球兩百五十次。」

　　紐約州伊瑟卡市的薩根星球步道（Sagan Planet Walk）的建立，是為了將令人難以理解的太空距離縮小成一般人可以理解的距離。代表太陽與星球的石柱，彼此之間的距離縮小成五十億分之一。訪客從地球走到太陽只需走九碼的距離，但是必須健行十五分鐘才能走到冥王星。這個展示區後來經過大幅擴建，已另外再加入了一個石碑代表半人馬座「南門二」星（Alpha Centauri），這是最接近太陽的恆星，從距離地球4.3光年外閃耀著光芒。在按比例縮小了距離的尺寸後，代表那顆恆星的石碑座落於夏威夷的伊米洛亞天文中心（Imiloa Astronomy Center）。

　　星球步道不只是將龐大的數字轉譯為一般人能理解的用語。星球之間的距離也被縮小，讓一般人在行走時能感受到距離。

時間

　　貝佐斯也喜歡用時間做比喻，尤其是用來解釋顧客可以省下多少時間。

　　貝佐斯在2020年致股東信中寫道：「消費者在3分鐘內完成28%的購物。」[8]28和3這兩個數字分開來講的意義不大。這就是為什麼貝佐斯加入以下解釋：

　　把這個時間和前往實體商店購物比較一下——開車、停車、尋找商店貨架的走道、排隊結帳、在停車場找車、開車回家。研究指出，通常到實體商店所花的時間約1小時。如果在亞馬遜購物花15分鐘能為你省下一週去實體商店兩次的時間，那一年就是省下75個小時。時間很重要，我們都很忙。

　　貝佐斯繼續說，讓這個比喻更有力量：

　　如果以金額來計算的話，假設每個小時省下10美元，這算是保守估計。75小時乘以10美元……就為每一位Prime會員創造約630美元的價值。我們的Prime會員共有2億人，所以2020年我們總共創造了1,260億美元的價值。

　　練習將以下數據放在情境中理解：一杯大杯摩卡星冰樂裡有大約55公克的糖。

　　55公克是多還是少？沒有情境，這就只是一個數字。假設你是營養師，試著說服客戶減少含糖咖啡飲品的攝取，你會如何描述55公克是多少糖？也許你可以用多少茶匙等於55公克來做比喻（答案是12茶匙）。也可以和M&M's巧克力比較：大杯摩卡星冰樂相當於不只一、兩包，而是三包小包裝的M&M's巧克力。你覺得現在客戶會不會重新考慮別喝那麼多星冰樂？

創造價值

　　有影響力的演說者會避免使用一大堆數據來淹沒聽眾。相反地，**他們會選擇幾個重要的統計數據，並根據這些資料點來說故事**，使用不是專家也能輕鬆了解和記住的具體例子。根據谷歌首席經濟學家哈爾·范里安（Hal Varian）的說法：「運用數據的能力——能了解、處理、從中提取出價值、將數據視覺化、向別人溝通數據——是未

來數十年非常重要的能力。」[9]

把數據變得讓你的讀者或聽眾能感同身受，你就是在幫助他們以新的方式看待數字。培養這種有說服力的溝通技巧，也能讓你將事件重新定義為機會而不是挫敗，這是說服其他人按照你的想法採取行動的關鍵要素。

我常說，如果你不說出自己的故事，就會被別人說，但你可能不會喜歡他們的版本。例如全球首富總是會被人批判，就是很好的例子。社會運動者、制訂法規者與媒體都知道，大眾最關注的就是頂尖的個人或企業。在2018年的一場訪談中，貝佐斯被問到名列全球首富有什麼感覺。他說：「我從來不追求那個頭銜，當第二名倒是還可以。」[10]觀眾都笑了，因為大家都懂他的意思。

在那場訪談時，貝佐斯介紹了一個數據，他兩年後在2020年致股東信中又提到這個數據。貝佐斯首先說，亞馬遜為股東創造了1.6兆美元的財富。而他也是股東之一。「超過八分之七的股份在別人的手中，相當於1.4兆美元的財富。」[11]在誰的手中？「退休基金、大學和401(k)個人退休儲蓄帳戶。」然後貝佐斯把這筆財富變得更貼近個人。他展示一封瑪麗和賴瑞寄來的信，他們在1997年時給熱愛閱讀的12歲兒子萊恩的驚喜，是2股亞馬遜的股票。在他們持有的期間，亞馬遜的股票分割了好幾次，現在他們的持股是24股。到了2021年時，亞馬遜的股價已超過每股3,000美元。萊恩賣了幾股然後買了一間房子。他們寫道：「那2股對我們家造成了很棒的影響。我們都很高興每年看著亞

馬遜的股價不斷成長，我們很喜歡告訴別人這個故事。」

貝佐斯用這個故事和佐證資料提出這個建議：「如果你想要事業成功（其實就是成功的人生），你創造的必須比消耗的還要多。你的目標應該是為與你互動的每個人創造價值。任何企業若沒有為所在的領域創造價值，即使表面上看起來很成功，也不會持續太久。它會被淘汰。」請記住，我們思考的方式是故事。**用故事來包裝數據，你就能讓聽眾和讀者更容易理解你要傳達的訊息。**

透過讓觀眾認同你的數據，你就可以展示你正在創造的價值。讓人看到你的新創公司能提供投資人的價值（你的公司能賺多少錢、何時能達成目標，以及他們何時可以開始看到投資報酬）。展示你加入新公司後能帶來的價值（如果你幫之前的公司提高業績25%，就告訴新公司你是怎麼辦到的，以及你要如何為他們做到）。展示你的公司為顧客和員工帶來的價值（為他們節省時間和金錢，或是幫助他們創造更多業績）。貝佐斯說要為每個人創造價值，這給我們上了寶貴的一課。但有時候，你需要展現的是你的作品。

16

蓋洛方法：
十五秒就讓人接受你的構想

如果你無法向別人溝通，讓他們接受你的想法，
那你就是在放棄自己的潛力。

——巴菲特

　　獲得普立茲獎的歷史學家桃莉絲·基恩斯·古德溫研究領導逾五十年。她說領導的精髓在於「利用一個人的才能、技藝和情緒智商，來動員別人為共同目標努力。」[1]

　　古德溫的著作《無敵》（*Team of Rivals*）是史帝芬·史匹柏的電影《林肯》（*Lincoln*）的靈感來源。古德溫說，偉大的領導者是透過故事來溝通，讓人們覺得自己參與朝向共同目標前進的旅程。

　　偉大的領導者之所以能建立起成功的企業，是因為他們知道公司服務的對象是誰、解決的問題是什麼，以及公司如何使接觸到的每個人的生活變得更豐富。用願景聚集

人們並說服他們踏上你史詩般的旅程，關鍵就在於溝通。

　　蓋洛溝通集團打造了一個樣板，讓你用一張紙說完自己的故事。我們稱之為「蓋洛方法」：這個工具可以打造清楚、簡潔且引人入勝的訊息。這個方法的目的是藉由帶著人們踏上旅程，以說服對方根據你的想法採取行動。這個樣板是個指南，讓人們從他們所在的地方，前往你要他們去的地方。

　　蓋洛方法很靈活、簡單且可擴充。可以用來建立一個十五秒的提議或十五分鐘的簡報。蓋洛方法結合了你在本書中學到的概念：寫作、撰寫大綱、說故事、把數據變得有意義又難忘，以及打造類比和譬喻。除了我們已經討論過的溝通工具外，還有一個元素對於建立成功的訊息地圖來說很重要——三的法則。

溝通時最有力的數字

　　三的法則貫穿了古今文化與文學之中。三的法則就是在說，**人類大腦短期內無法輕易記住三個以上的事物**。即使是在試著記住超過三位數的數字串時，例如電話號碼，我們也會把數字切成三或四個數字一組。

　　量子物理學家多明尼克・瓦勒曼（Dominic Walliman）說，如果你了解三的法則，就可以和任何人溝通任何事。瓦勒曼的專長是寫童書和製作YouTube影片，將物理學、奈米科技和火箭科學這類龐大、複雜的主題簡化。瓦勒曼建

議，當你在向不熟悉你的主題的人解釋時，別說得太深入。人們一次只能接受一定分量的資訊。他說：「最好解釋三件人們能理解的事，而不是用一大堆資訊來轟炸他們，這麼做會有反效果。」[2]

　　喬治城大學的研究員發現，三能吸引人，但四就會嚇到人。他們的研究目的是要找出為什麼消費者覺得有些產品訊息比較吸引人。結果發現，消費者認為三項產品說明很有說服力。當產品資訊開始增加到四、五項或更多項時，消費者就會沒那麼喜歡那個產品。根據研究結果，如果你要賣某個產品或為某個構想提案，只用一個訊息來說明並沒有說服力。[3]兩個佐證資料會比一個更好，但三是個神奇的數字。

　　一項驚人的研究發現，三的法則普遍存在於新創公司與創投界。DocSend是一間雲端文件共享公司，他們進行的資料導向的調查發現，投資人平均花三分鐘的時間看募資簡報。投資人會投入更多資金在有三位創辦人的新創公司。投資人審閱募資簡報時，花最多時間看三張投影片：解決方案、產品和團隊。換句話說，在二十張募資簡報投影片中，這三張是最重要的。[4]

　　像貝佐斯一樣有效的溝通者說話時，會以三為主：

・亞馬遜有三個主要的構想，而且我們堅持了十八年，這些就是我們成功的原因：顧客至上、創新，以及耐心。

- 成功的關鍵就是耐心、堅持,以及注重細節。
- 亞馬遜的成功是靠三個支柱撐起來的:選擇多、很方便,以及價格低。
- 在這個全球經濟混亂的情況下,我們的基本方法仍維持不變:維持低調、著眼長期,以及顧客至上。
- 我們請主管在做出僱用決定前先思考三個問題:你欣賞這個人嗎?這個人能不能提升團隊的效率?這個人在哪方面能成為超級巨星?
- 努力工作、盡情享樂、創造歷史。

蓋洛方法訊息圖樣板

蓋洛方法訊息圖樣板利用三的法則,讓你的故事更有力量。使用方法如下:

首先,撰寫大綱。問自己「我想要觀眾知道的最重要的事是什麼?」大綱應該要明確、清楚且精簡。不應該超過30個英文字(10個英文字以內更好)。如果你的大綱無法以推特的140個字元表達,那就太長了。回想一下貝佐斯提到亞馬遜時總是說:「我們的使命就是成為地球上最顧客至上的公司。」(Our mission is to be Earth's most customer-centric company.)9個英文字,59個字元。你的願景要大膽,而且要簡短。

第二,撰寫三段訊息來強化大綱。這三段訊息都沒有重要到能取代你的遠大構想,它們只是提供支持的資訊。

第三，用故事、數據或類比，把你的訊息變得生動。
這些説法能強化你的訊息，使其更有説服力。

我們就用一個產品——襯衫，來理解訊息圖。

UNTUCKit是一間總部位於紐約的零售商，這間公司帶起了襯衫不要塞進褲子裡的風潮。創辦人克里斯・瑞科波諾（Chris Riccobono）不斷研究有效的溝通方法。他説：「如果你不能用一句話説明你和競爭者有什麼不同，那你就是在浪費自己的時間。」[5]UNTUCKit的一句話大綱是：「不需塞進褲子裡的襯衫」（Shirts designed to be worn untucked）。6個英文字就告訴你關於這間公司及其產品的所有事。這6個英文字出現在全公司所有的平台：網站、零售商店、社群媒體和公開簡報。

對話並沒有就這麼結束。公司還提出三個訊息來支持大綱：長度適中、任何體型尺寸皆合穿，以及很好看的下襬剪裁。

這些訊息都很容易寫進蓋洛方法訊息圖樣板中。訊息非常精簡，顯示在北美和英國超過八十間實體店面的牆上。下圖為UNTUCKit的訊息圖。

圖16.1　UNTUCKit的訊息圖

UNTUCKit是一個簡單的產品範例。但是你可以用蓋洛方法來為任何類型的溝通做準備：開公司、賣產品、提案或工作面試。

舉例來說，在寫這一章的那一週，我和一間有影響力、公開上市、市值1,000億美元的科技公司執行長見面。投資界預期這間公司的季報是產業走向的指標。

我在執行長辦公室旁的大型會議室與他會面時，他才剛結束季度財務電話會議，花了一小時與分析師說明這些雜亂的資料。這些分析師比CNBC的觀眾更清楚公司情況，所以我的工作有一部分在於把這位執行長從雜亂的資料中拉出來，讓他能看得到大局。我們打造了一個訊息圖，有大綱和三個支持訊息。

首先是大綱。我問他：「你想要讓投資人知道公司最重要的事是什麼？」

這位執行長的回答又長又複雜。他說：「由於我們強大的技術領先和有紀律的財務管理，我們公司處於很好的位置，可以充分利用市場趨勢來推出產品。」

我回答：「所以你是在說，貴公司的財務狀況很好，而你對公司的各種產品很樂觀？」

「非常樂觀。我們的狀況從沒像現在這麼好。」

「那我們就說重點。你的投資人想要知道一件簡單的事：你的公司比以往更穩健且強大。清楚、簡短地說出來。」

我們為訪談所寫的大綱開始成形了，句子如下：

公司比以往更穩健且強大。

接下來我們開始研究支持大綱的三個訊息，告訴投資人他們想知道的事、必須知道的事，以及他們應該要知道但也許還不知道的事。

這位執行長在聽了財務團隊和我的建議後，決定聚焦於下面三個支持大綱的訊息：

· 公司所有產品類型都創下營收新高。
· 產品價格依舊很好，公司下季的預估營收與獲利將提高。
· 資料中心、5G手機與電動汽車的未來需求趨勢強勁，這三個都是帶動公司成長的產品。

執行長訪談後的隔天早上，CNBC預估公司那一季的獲利「大爆發」，還使用了執行長的話當作新聞標題。電視台記者覺得這則新聞很容易寫，因為我們幫他們把故事變得容易記住。

訓練方法

使用蓋洛方法來建構你的下一個提案或簡報內

容。你可以使用下面的訊息圖樣板，撰寫你的大綱和三個支持訊息。第一步就是開始寫。你可以稍後再刪減字、編輯和潤飾。和其他人合作，聽取他們的建議。當你完成訊息圖時，你就能用一頁展示一個簡單、容易懂的故事。把這個圖背下來，再去提案、談話或接受訪談。把這個當成投影片簡報的大綱。和你的團隊分享這個圖，讓所有人都清楚。寄給你的網站開發人員或公司任何撰寫行銷文稿的人。**這張訊息圖就是你用一頁說明的故事。**

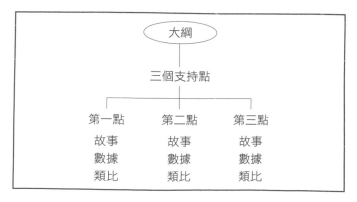

圖16.2　訊息圖樣板

我在哈佛的課堂中有一位企業高階主管柯林，他運用訊息圖的概念使團隊線上會議更有效率。柯林為歐洲第二大金融服務公司工作，領導一個六十人的資產管理團隊。

他的團隊負責為富裕的客戶投資。

柯林在課後告訴我：「訊息圖真是太棒了。幫我們的團隊減少50%的客戶簡報準備時間。」

柯林的團隊每週要準備和進行至少兩次簡報：提案以吸引新的客戶，以及向現有客戶簡報最新情況。「蓋洛方法」讓團隊中的小組更容易針對特定觀眾打造出獨一無二的訊息。團隊其他人看著一頁的內容，便能輕鬆了解討論的流程。

訊息圖也將簡報從三十張投影片減少至十張。大綱顯示在一張投影片，接著是兩張或三張投影片，每一張用來說明三個主要支持訊息。下圖顯示的十四張投影片布局方式，是直接取自訊息圖結構的內容。

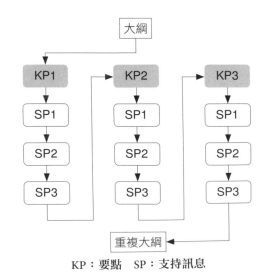

KP：要點　SP：支持訊息

圖16.3　依據訊息圖結構的十四張投影片布局方式

「蓋洛方法」也能節省時間。不需要開三次三十分鐘的會議來準備每一場簡報，訊息圖非常簡單，團隊只需要開一次三十分鐘的會議，就能把他們要說的故事準備一致——這個樣板可以將準備簡報的會議時間縮短三分之二。

　　結果客戶非常喜歡。他們不需要聽完四十五分鐘的資訊更新，只需要二十分鐘就能聽完所有資訊，最後還剩下二十分鐘的團隊互動時間。在許多情況下，客戶覺得簡報內容非常簡單直接，他們對成果很滿意，也很高興在忙碌的生活中能節省時間。

　　柯林對我說：「在金融業二十五年來，我從沒遇過這麼簡單的溝通工具就能讓團隊的目標一致，並且製作清楚和精簡的簡報。」

　　詩人亨利・大衛・梭羅（Henry David Thoreau）生於PowerPoint發明前兩百年，但他寫的詩句就像在對今天的溝通者說話一樣：「簡單，簡單，簡單！把你的話簡化為兩、三件事，不要說一百件、一千件事。」

　　偉大的領導者都有大膽的願景，並能成功讓人們為共同目標凝聚在一起。但是不要搞錯了。**他們都會事先寫好文字，而且很聰明地用簡單的結構包裝這些文字**。他們知道要往哪個方向走，並選擇一個清楚又簡單的路線，說服其他人加入他們的旅程。

結論
創造與漫想

不是你選擇熱情，是熱情選擇你。

—— 貝佐斯

創造力是創新、領導與溝通的重要元素。但是若要展現你最佳的創造力，就必須建立起讓創造力蓬勃發展的條件。

突破性的想法不是你需要時就會出現的。有創意的點子不是盯著白紙或電腦螢幕就能想到。相反的，要符合五個條件才會靈光乍現。

1.充足的睡眠

貝佐斯說：「我非常堅持要睡滿八個小時。這樣我才能好好思考，才會更有活力。」[1]當貝佐斯醒來，他不會馬上開始工作。其實他會花一點時間「閒晃」。他會讀報紙、喝咖啡、和孩子們一起享用早餐。貝佐斯把第一場重要的會議訂在早上十點，這是他精神最好的時候。根據貝

佐斯的說法，領導者的工作是一天之內要做一些重要的決策；如果你能做三個重要的決策，那你就已經比別人強了。充足的睡眠能給你活力做出好的決策，並想出新的構想。

2.要活動

賈伯斯喜歡在長距離散步時進行嚴肅的談話。蘋果和皮克斯的員工記得，這些「腦力激盪的散步」比任何會議室開會的生產力還要高。賈伯斯就是在走路時想出他最新穎的構想。

根據史丹佛的一項研究，走路能提升我們的創造力60%。[2]受試者接受「擴散性思考」的測試，衡量新穎或創新的想法。研究人員在受試者走路和坐著時對他們進行測試，結果發現大多數受試者在走路時更有創造力。

走路之所以能激發新的想法，是因為我們的大腦演化自一天要走十二英里路的祖先。坐在教室裡好幾個小時、進行視訊會議一整天，或是盯著螢幕，希望藉此能激發創意，都是不自然的事。有創意的想法是不能強求的，必須在對的條件下才會激發出來——充分的睡眠、活動和閒晃。

3.讓熱情選擇你

「從我5歲開始，當尼爾·阿姆斯壯（Neil Armstrong）站上月球表面時，我就對太空、火箭、火箭引

擎和太空旅行充滿熱情。」[3]貝佐斯解釋他卸下亞馬遜的職位，轉而經營他的太空公司藍色起源的原因。「我覺得人人都有熱情。不是你選擇熱情，是熱情選擇你。但你必須有所警覺，你必須去找到它。」

4.當個無所不學的人

亞馬遜的領導原則之一就是「求知若渴」。領導者從來不會停止學習，而且總是在設法提升自己。世界上有兩種人：一種人無所不學，一種人無所不知。在一個快速變化的世界中，只有不斷學習的人才能發展出新穎的構想，帶領世界往前進。

作家華特・艾薩克森說貝佐斯令他想起達文西。他說：「我們從達文西令人愉快的筆記本中，看到他的心智充滿好奇、熱情地在各種自然領域上漫舞……貝佐斯就具有這些特質。他從來沒有失去孩童會有的驚奇感。他對幾乎所有事仍保有永不滿足、孩子般愉快的好奇心。」[4]

5.培養無限心態

改變世界的企業家要在他們從事的工作或提案的領域積極對抗現狀偏誤。現狀偏誤是指，我們都傾向讓事情維持現狀，而不是嘗試新的東西。當貝佐斯為線上書店提案時，就是在克服這個偏誤。當他追求「瘋狂」的點子，例如電子商務、串流娛樂、雲端運算、當日到貨和太空探索時，他就是在克服偏誤。對他來說，世界上沒有離譜的

事。

　　貝佐斯不會對他的想法施加限制。貝佐斯說：「登月這個想法實在是不可能，所以人們就用這個詞來譬喻不可能實現的事。我希望你們能從這件事學到一個教訓，那就是不論你下定決心要做什麼，你都能辦得到。」[5]

　　當你為成功和創造力提供條件，你就會脫穎而出。當世人要你平凡，與眾不同就是你生存的關鍵。在擔任執行長的最後一封致股東信中，貝佐斯寫道，當世界設法讓你變得平凡時，你需要付出努力才會獨特。儘管隨波逐流比較簡單、不費力。

　　貝佐斯寫道：「我們都知道，獨特 —— 也就是原創性 —— 是很有價值的。但是世人要你和所有人一樣——世人會想方設法地讓你融入他們。不要讓他們得逞。」[6]

　　想要具有原創性，需要持續努力、終生學習、充滿活力，以及堅持不懈的熱情。貝佐斯說：「絕對不要讓環境磨掉了你獨有的特色。」

　　「這仍是第一天。」

致謝

ACKNOWLEDGMENT

在你追求大膽的夢想時，有支持你的鬥士陪伴會有幫助。凡妮莎・蓋洛（Vanessa Gallo）就是支持我的鬥士。我們相識於1996年，並在兩年後結婚。凡妮莎堅定的支持給了我信心和勇氣，讓我去追求我的熱情。凡妮莎和我經營的事業，是在幫助企業執行長和領導者轉變為卓越的溝通者，我們也一起在哈佛大學為企業高階主管開設課程。我們努力成為兩個女兒約瑟芬和莉拉最好的楷模。

我也要感謝St. Martin's Press團隊支持我的寫作。St. Martin's Publishing Group的董事長Sally Richardson已在集團工作超過五十年。我很高興能認識她。St. Martin's Press的編輯Tim Bartlett是我的朋友、徵詢意見的對象、我的支持者，他總是在提升我的寫作品質。我也要感謝St. Martin的業務、行銷和公關團隊，以及Macmillan Audio的朋友們，將我寫的文字轉化為有聲書。

我要深切感謝長期合作的文學經紀人Roger Williams。謝謝你寶貴的見解、意見回應以及告訴我的歷史故事。

Tom Neilssen和Les Tuerk是我在Bright-Sight Speakers的主題演講經紀人，他們不僅是宣傳人員、老師、朋友，而且能帶給人靈感。謝謝你們的指導。

我很幸運能有這麼棒、充滿愛的家人：我的母親Giuseppina、我的兄弟Tino和他的妻子Donna，還有兩個侄子Francesco和Nick。我愛你們。

　　我還要特別感謝讀者喜歡我的書。你們絕佳的點子帶動世界向前進。

　　祝福你們成功。

前言

1. Dana Mattioli, "Amazon Has Become America's CEO Factory," *Wall Street Journal*, November 20, 2019, https://www.wsj.com/articles/amazon-is-americas-ceo-factory-11574263777, accessed December 15, 2021.

2. "Bloomberg Studio 1.0: AWA CEO Adam Seplipsky," Bloomberg, November 17, 2021, https://www.bloomberg.com/news/videos/2021–11–18/bloomberg-studio-1–0-aws-ceo-adam-selipsky, accessed December 15, 2021.

3. CNBC Television, "Early Amazon Investor John Doerr on the End of the Jeff Bezos Era," YouTube, July 2, 2021, https://www.youtube.com/watch?v=18JA3iD47B4, accessed De- cember 15, 2021.

4. Ann Hiatt, *Bet on Yourself: Recognize, Own, and Implement Breakthrough Opportunities* (New York: HarperCollins, 2021), 30.

5. Marilyn Haigh, "Amazon's First-Known Job Listing: Jeff Bezos Sought Candidates to Work Faster Than 'Most Competent People Think Possible,'" CNBC, August 23, 2018, https://www.cnbc.com/2018/08/23/jeff-bezos-posted-the-first-job-ad-for-amazon-in-1994.html, accessed June 25, 2021.

6. Jeff Weiner, "LinkedIn CEO on the 'Soft' Skills Gap," CNBC, April 19, 2018, https://www.cnbc.com/video/2018/04/19/linkedin-ceo-on-the-soft-skills-gap.html, accessed June 25, 2021.

7. Diane Brady, Chris Gagnon, and Elizabeth Myatt, "How to Future-Proof Your Orga- nization," *The McKinsey Podcast*, June 17, 2021, https://www.mckinsey.com/business-functions/organization/our-insights/how-to-future-proof-your-organization, accessed October 8, 2021.

8. Walter Isaacson, *Invent and Wander: The Collected Writings of Jeff Bezos, with an Intro- duction* (Boston: Harvard Business Review Press, 2020), 1.

9. Ibid., 4.

10. Bill Birchard, "The Science of Strong Business Writing," *Harvard Business Review*, July– August 2021, https://hbr.org/2021/07/the-science-of-strong-business-writing, accessed October 8, 2021.

11. Jeff Bezos, "Letter to Shareholders," Amazon, 2016, https://s2.q4cdn.com/299287126/files/doc_financials/annual/2016-Annual-Report.pdf, accessed June 25, 2021.

第1章

1. CNBC, "Jeff Bezos at the Economic Club of Washington (9/13/18)," YouTube, https:// www.youtube.com/watch?v=xv_vkA0jsyo, accessed April 29, 2021.

2. "The Best Commencement Speeches, Ever," NPR, May 30, 2010, https://apps.npr.org/commencement/speech/jeff-bezos-princeton-university-2010/, accessed April 29, 2021.

3. Geek Wire, "Jeff Bezos Shares His Management Style and Philosophy," YouTube, Octo- ber 28, 2016, https://www.youtube.com/watch?v=F7JMMy-yHSU&t=2s, accessed June 20, 2021.

4. Jeff Bezos, "Letter to Shareholders," Amazon, 2020, https://www.aboutamazon.com/news/company-news/2020-letter-to-shareholders, accessed April 29, 2021.

5. "Leadership Principles," Amazon, https://www.amazon.jobs/en/principles, accessed Oc- tober 8, 2021.

6. Lisa Feldman Barrett, *Seven and a Half Lessons About the Brain* (New York: Houghton Mifflin Harcourt, 2020), 10.

7. Daniel Kahneman, *Thinking, Fast and Slow* (New York: Farrar, Straus and Giroux, 2011), 63.

8. Jay Elliot, former Apple executive, in conversation with the author, January 13, 2020.

9. Emma Martin, "Warren Buffett Writes His Annual Letter as If He's Talking to His Sisters Here's Why," CNBC, February 25, 2019, https://www.cnbc.com/2019/02/25/why-warren-buffett-writes-his-annual-letter-like-it-is-for-his-sisters.html, accessed April 29, 2021.

10. Warren Buffett, shareholder letter, Berkshire Hathaway, February 23, 2019, https://berkshirehathaway.com/letters/2018ltr.pdf, accessed June 20, 2021.

11. "Email from Jeff Bezos to Employees," Amazon, February 2, 2021, https://www.aboutamazon.com/news/company-news/email-from-jeff-bezos-to-employees, accessed June 20, 2021.

12. Ibid.

13. Stephen Moret, CEO at Virginia Economic Development Partnership, in discussion with the author, April 23, 2021.

14. Florencia Iriondo, "The Greatest Minds in Business and Entertainment Share Their Career Success," LinkedIn, December 20, 2016, https://www.linkedin.com/pulse/greatest-minds-business-entertainment-share-career-advice-iriondo/?published=t, accessed June 13, 2021.

第2章

1. Jeff Bezos, "Letter to Shareholders," Amazon, 2007, https://s2.q4cdn.com/299287126/files/doc_financials/annual/2007letter.pdf, accessed April 3, 2021.

2. Erik Larson, bestselling author of *Dead Wake* and *The Splendid and the Vile,* in

discus- sion with the author, March 23, 2020.

3. "Emergency Executive Order NO. 100," City of New York Office of the Mayor, March 16, 2020, https://www1.nyc.gov/assets/home/downloads/pdf/executive-orders/2020/eeo-100.pdf, accessed December 15, 2021.

4. Shawn Burton, "The Case for Plain-Language Contracts," *Harvard Business Review,* January–February 2018, https://hbr.org/2018/01/the-case-for-plain-language-contracts, accessed December 15, 2021.

5. Ibid.

6. Ibid.

7. Doris Kearns Goodwin, *Leadership in Turbulent Times* (New York: Simon & Schuster, 2018), 108.

8. "Form S-1 Registration Statement Under the Securities Act of 1933," United States Se- curities and Exchange Commission, February 12, 2021, https://www.sec.gov/Archives/edgar/data/1834584/000162828021001984/coupang-sx1.htm, accessed December 15, 2021.

9. Nassim Nicholas Taleb, *The Bed of Procrustes: Philosophical and Practical Aphorisms (Incerto)* (New York: Random House, 2010), 108.

10. Eric Meisfjord, "The Untold Truth of Bill Withers' Most Popular Songs," Grunge, April 7, 2020, https://www.grunge.com/199643/the-untold-truth-of-bill-withers-most-popular-songs/, accessed December 12, 2021.

11. Laura Coburn, Hana Karar, and Alexa Valiente, "Country Music Breakout Star Luke Combs on Songwriting, His Fans and Remembering the Las Vegas Shooting," ABC News, August 13, 2018, https://abcnews.go.com/Entertainment/country-music-breakout-star-luke-combs-songwriting-fans/story?id=57155998.

12. BarackObamadotcom, "Barack Obama: Yes We Can," YouTube, https://www.youtube.com/watch?v=Fe751kMBwms, accessed December 15, 2021.

第3章

1. Tim Ferriss, "Jerry Seinfeld—A Comedy Legend's Systems, Routines, and Methods for Success (#485)," *Tim Ferriss Show,* December 8, 2020, https://tim.blog/2020/12/08/jerry-seinfeld/?utm_source=convertkit&utm_medium=convertkit&utm_campaign=weekly-roundup-seinfeld, accessed December 12, 2021.

2. Ibid.

3. Roy Peter Clark, *Writing Tools (10th Anniversary Edition): 55 Essential Strategies for Every Writer* (New York: Little, Brown, 2006), 85.

4. Jeff Bezos, "Letter to Shareholders," Amazon, 1999, https://s2.q4cdn.com/299287126/files/doc_financials/annual/Shareholderletter99.pdf, accessed February 15, 2021.

5. Jeff Bezos, "Letter to Shareholders," Amazon, 2010, https://s2.q4cdn.com/299287126/files/doc_financials/annual/117006_ltr_ltr2.pdf, accessed April 3, 2021.

6. Jeff Bezos, "Letter to Shareholders," Amazon, 2012, https://s2.q4cdn.com/299287126/files/doc_financials/annual/2012-Shareholder-Letter.pdf, accessed April 3, 2021.

7. Clark, *Writing Tools*, 122.

8. Jeff Bezos, "Letter to Shareholders," Amazon, 1998, https://s2.q4cdn.com/299287126/files/doc_financials/annual/Shareholderletter98.pdf, accessed February 15, 2021.

9. Clark, *Writing Tools*, 19.

10. William Zinsser, *On Writing Well: The Classic Guide to Writing Nonfiction* (New York: HarperCollins, 2006), 67.

11. William Strunk Jr., *The Elements of Style*, 4th ed. (New York: Macmillan, 2000), 28.

12. Robin Madell, "How to Get into Harvard Business School, According to the Managing Director of Admissions, Grads, and Consultants, Business Insider, December 7, 2020," *Business Insider*, https://www.businessinsider.com/how-to-get-into-harvard-business-school-according-to-admissions-2019–7, accessed December 15, 2021.

13. Clark, *Writing Tools*, 249.

14. Gary Provost, *100 Ways to Improve Your Writing (Updated): Proven Professional Tech- niques for Writing with Style and Power* (New York: Penguin Random House, 2019), 73.

15. Ibid., 74.

16. Bezos, "Letter to Shareholders," 1999.

17. Jeff Bezos, "Letter to Shareholders," Amazon, 2002, https://s2.q4cdn.com/299287126/files/doc_financials/annual/2002_shareholderLetter.pdf, accessed April 3, 2021.

18. Jeff Bezos, "Letter to Shareholders," Amazon, 2009, https://s2.q4cdn.com/299287126/files/doc_financials/annual/AMZN_Shareholder-Letter-2009-(final).pdf, accessed April 3, 2021.

19. Jeff Bezos, "Letter to Shareholders," Amazon, 2013, https://s2.q4cdn.com/299287126/files/doc_financials/annual/2013-Letter-to-Shareholders.pdf, accessed April 3, 2021.

20. Jeff Bezos, "Letter to Shareholders," Amazon, 2016, https://s2.q4cdn.com/299287126/files/doc_financials/annual/2016-Letter-to-Shareholders.pdf, accessed February 27, 2021.

21. 60 Minutes, "60 Minutes Archives: Le Carré," YouTube, December 14, 2020, https://www.youtube.com/watch?v=bOfmgFT4KuU, accessed December 15, 2021.

22. Clark, *Writing Tools*, 88.

23. Bezos, "Letter to Shareholders," 2010.

24. Bezos, "Letter to Shareholders," 1998.

25. Jeff Bezos, "Letter to Shareholders," Amazon, 2014, https://s2.q4cdn.com/299287126/files/doc_financials/annual/AMAZON-2014-Shareholder-Letter.pdf, accessed April 3, 2021.

26. Jeff Bezos, "Letter to Shareholders," Amazon, 2000, https://s2.q4cdn.com/299287126/files/doc_financials/annual/00ar_letter.pdf, accessed April 3, 2021.

27. Bezos, "Letter to Shareholders," 2009.

28. Jeff Bezos, "Letter to Shareholders," Amazon, 1997, https://s2.q4cdn.com/299287126/ files/doc_financials/annual/Shareholderletter97.pdf, accessed February 15, 2021.

第4章

1. Jeff Bezos, "Letter to Shareholders," Amazon, 2000, https://s2.q4cdn.com/299287126/ files/doc_financials/annual/00ar_letter.pdf, accessed April 3, 2021.
2. "James Patterson Teaches Writing," MasterClass, https://www.masterclass.com/ classes/james-patterson-teaches-writing, accessed December 15, 2021.
3. Clayton M. Christensen, "How Will You Measure Your Life?: Don't Reserve Your Best Business Thinking for Your Career," *Harvard Business Review,* July–August 2010, https:// hbr.org/2010/07/how-will-you-measure-your-life?utm_ medium=email&utm_source=newsletter_weekly&utm_campaign=insider_ activesubs&utm_content=signinnudge& referral=03551&deliveryName=DM65685, accessed June 20, 2021.
4. "Shonda Rhimes Teaches Writing for Television," MasterClass, https://www. masterclass.com/classes/shonda-rhimes-teaches-writing-for-television, accessed December 15, 2021.
5. Derral Eves, *The YouTube Formula: How Anyone Can Unlock the Algorithm to Drive Views, Build an Audience and Grow Revenue* (Hoboken, NJ: John Wiley & Sons, 2021), 163.
6. Jeff Bezos, "Letter to Shareholders," Amazon, 2018, https://www.aboutamazon.com/ news/companynews/2018-letter-to-shareholders, accessed June 20, 2021.
7. Jeff Bezos, "Letter to Shareholders," Amazon, 2007, https://s2.q4cdn.com/299287126/ files/doc_financials/annual/2007letter.pdf, accessed April 3, 2021.
8. Jeff Bezos, "Letter to Shareholders," Amazon, 2005, https://s2.q4cdn.com/299287126/ files/doc_financials/annual/shareholderletter2005.pdf, accessed June 21, 2021.
9. Jeff Bezos, "Email from Jeff Bezos to Employees," Amazon, https://www. aboutamazon.com/news/company-news/email-from-jeff-bezos-to-employees, accessed December 15, 2021.

第5章

1. Jeff Bezos, "Letter to Shareholders," Amazon, 1997, https://s2.q4cdn.com/299287126/ files/doc_financials/annual/Shareholderletter97.pdf, accessed February 15, 2021.
2. Jeff Bezos, "Letter to Shareholders," Amazon, 2016, https://s2.q4cdn.com/299287126/ files/doc_financials/annual/2016-Letter-to-Shareholders.pdf, accessed February 27, 2021.
3. Ward Farnsworth, *Farnsworth's Classical English Metaphor* (Jaffrey, NH: David R. Go- dine, 2016), viii.
4. George Lakoff, *Metaphors We Live By* (Chicago: University of Chicago Press, 1980), 3.

5. Ibid., 4.

6. Nelson Goodman, "Metaphor as Moonlighting," Critical Inquiry, Vol. 6, No. 1, Autumn, 1979, 125–30, https://www.jstor.org/stable/1343090, accessed March 8, 2022.

7. Jason Del Rey, "Watch Jeff Bezos Lay Out His Grand Vision for Amazon's Future Dom- inance in This 1999 Video," Vox, November 22, 2015, https://www.vox.com/2015/11/22/11620874/watch-jeff-bezos-lay-out-his-grand-vision-for-amazons-future, accessed December 15, 2021.

8. Jeff Hodgkinson, "Communications Is the Key to Project Success," International Proj- ect Management Association, https://www.ipma-usa.org/articles/CommunicationKey.pdf, accessed February 27, 2021.

9. Brad Stone, The Everything Store: Jeff Bezos and the Age of Amazon (New York: Hachette, 2014).

10. Colin Bryar and Bill Carr, Working Backwards: Insights, Stories, and Secrets from Inside Amazon (New York: St. Martin's, 2021).

11. Frederic Lalonde, founder and CEO of Hopper, in discussion with the author, March 12, 2021.

12. Jeff Lawson, CEO of Twilio, in discussion with the author, January 12, 2021.

13. Jim Collins, Good to Great: Why Some Companies Make the Leap and Others Don't (New York: HarperCollins, 2001), 165.

14. Brad Stone, Amazon Unbound: Jeff Bezos and the Invention of a Global Empire (New York: Simon & Schuster, 2021), 163.

15. 2015 Amazon Shareholder Letter, https://s2.q4cdn.com/299287126/files/doc_financials/annual/2015-Letter-to-Shareholders.pdf, accessed February 27, 2021.

16. "Chris Hadfield Teaches Space Exploration," MasterClass, https://www.masterclass.com/classes/chris-hadfield-teaches-space-exploration, accessed December 15, 2021.

17. "Morning Session-1995 Meeting," Warren Buffett Archive, November 28, 2018, https://buffett.cnbc.com/video/1995/05/01/morning-session—1995-berkshire-hathaway-annual-meeting.html?&start=6714.55, accessed December 15, 2021.

18. Diane Swonk, chief economist at Grant Thornton, LLP, in discussion with the author, February 2, 2021.

第6章

1. Bill Carr, author of Working Backwards, in discussion with the author, February 3, 2021.

2. Ibid.

3. Ibid.

4. Ibid.

5. Diane Halpern, Thought and Knowledge: An Introduction to Critical Thinking (New York: Psychology Press, 2014), 125.

6. Ibid.
7. 2017 Amazon Shareholder Letter, https://s2.q4cdn.com/299287126/files/doc_financials/annual/Amazon_Shareholder_Letter.pdf, accessed February 28, 2021.
8. Ibid.
9. Jeff Bezos, "The Electricity Metaphor for the Web's Future," TED.com, February 2003, accessed February 28, 2021.
10. Ibid.
11. Amazon Staff, "The Deceptively Simple Origins of AWS," Amazon, March 17, 2021, https://www.aboutamazon.com/news/aws/the-deceptively-simple-origins-of-aws, accessed December 15, 2021.

第7章

1. Daniel Perez, "1997: Cheater Bella Can't Escape Stigma of '88 Jailbreak," *El Paso Times,* November 18, 2011, https://www.elpasotimes.com/story/news/history/blogs/tales-from-the-morgue/2011/11/18/1997-cheater-bella-cant-escape-stigma-of-88-jailbreak/31478655/, accessed December 15, 2021.
2. Walter Isaacson, *Invent and Wander: The Collected Writings of Jeff Bezos, with an Intro- duction* (Boston: Harvard Business Review Press, 2020), 4.
3. Syd Field, *Screenplay: The Foundations of Screenwriting (Newly Revised and Updated)* (New York: Random House, 1984), 246.
4. Amazon Staff, "Statement by Jeff Bezos to the U.S. House Committee on the Judi-ciary," Amazon, July 28, 2020, https://www.aboutamazon.com/news/policy-news-views/statement-by-jeff-bezos-to-the-u-s-house-committee-on-the-judiciary, accessed June 29, 2021.
5. Ibid.
6. Jeff Bezos, "The Economic Club of Washington D.C.," Economic Club's Milestone Cel- ebration Event, September 13, 2018, https://www.economicclub.org/sites/default/files/transcripts/Jeff_Bezos_Edited_Transcript.pdf, accessed December 15, 2021.
7. Ibid.
8. Brad Stone, *Amazon Unbound: Jeff Bezos and the Invention of a Global Empire* (New York: Simon & Schuster, 2021), 152.
9. Ibid.
10. Josh Wigler, "'Jack Ryan' Season 2 Will Focus on the Decline of Democracy," *Holly-wood Reporter,* September 4, 2018, https://www.hollywoodreporter.com/tv/tv-news/jack-ryan-season-one-explained-1139572/, accessed June 25, 2021.

第8章

1. Yuval Noah Harari, *Sapiens: A Brief History of Humankind* (New York: HarperCollins, 2015), 25.
2. Marc Randolph, cofounder of Netflix, in discussion with the author, November 22, 2019.
3. Ibid.
4. Melanie Perkins, cofounder and CEO of Canva, in discussion with the author, May 23, 2019.
5. Alli McKee, "Your Company in 100 Words: How Warby Parker Uses a New Pair of Sun- glasses," Medium, November 1, 2017, https://medium.com/show-and-sell/ your-company-in-100-words-e7558b0b1077, accessed December 16, 2021.
6. Ibid.

第9章

1. Stevie Smith, "The Cognitive Style of PowerPoint," University of Edinburgh, https:// www.inf.ed.ac.uk/teaching/courses/pi/ 2016_2017/phil/tufte-powerpoint.pdf, accessed De- cember 16, 2021.
2. Madeline Stone, "A 2004 Email from Jeff Bezos Explains Why PowerPoint Presentations Aren't Allowed at Amazon," Yahoo Finance, July 28, 2015, https:// www.businessinsider.com/jeff-bezos-email-against-powerpoint-presentations-2015-7, accessed December 16, 2021.
3. "All-Hands Meeting," Amazon, February 2008, https://aws.amazon.com/blogs/ startups/how-to-mechanize-prospecting-founder-sales-series-part-6/, accessed December 16, 2021.
4. Colin Bryar and Bill Carr, *Working Backwards: Insights, Stories, and Secrets from Inside Amazon* (New York: St. Martin's, 2021), 88.
5. Rob Adams McKean and Emil L. Hanzevack, "The Heart of the Matter: The Engineer's Essential One-Page Memo," ChE Classroom, University of South Carolina, Columbia, SC.
6. "P&G Good Every Day: Turning Everyday Actions into Acts of Good for the World," P&G, May 20, 2020, https://us.pg.com/blogs/pg-everyday-turning-everyday-actions-into-acts-of-good-for-the-world/, accessed June 25, 2021.
7. Caltech, "Bill Gates Remembers Richard Feynman-Bill Gates," YouTube, May 11, 2018, https://www.youtube.com/watch?v=HotLmqYFKKg, accessed June 25, 2021.
8. Richard Phillips Feynman, *What Do You Care What Other People Think: Further Adven- tures of a Curious Character* (New York: W. W. Norton, 2001), 127.
9. Ibid., 146.
10. 2017 Amazon Shareholder Letter, https://s2.q4cdn.com/299287126/files/doc_ financials/annual/Amazon-Shareholder-Letter.pdf, accessed February 28, 2021.

11. Brad Porter, former Amazon robotics engineer, in discussion with the author, April 26, 2021.
12. Colin Bryar, former VP of Amazon and coauthor of *Working Backwards,* in discussion with the author, February 5, 2021.
13. Jesse Freeman, "The Anatomy of an Amazon 6-Pager," Writing Cooperative, July 16, 2020, https://writingcooperative.com/the-anatomy-of-an-amazon-6-pager-fc79f31a41c9, accessed December 16, 2021.
14. John Mackey, cofounder of Whole Foods, in discussion with the author, November 6, 2020.
15. Dana Mattioli, "Amazon Has Become America's CEO Factory," *Wall Street Journal,* November 20, 2019, https://www.wsj.com/articles/amazon-is-americas-ceo-factory-11574263777, accessed December 15, 2021.
16. Ronny Kohavi, former Amazon director of data mining and personalization, in discussion with author, April 8, 2021.
17. Ron Kohavi and Stefan Thomke, "The Surprising Power of Online Experiments: Getting the Most Out of A/B and Other Controlled Tests," *Harvard Business Review,* September– October 2017, https://hbr.org/2017/09/the-surprising-power-of-online-experiments, ac- cessed June 25, 2021.
18. 2013 Amazon Shareholder Letter, https://s2.q4cdn.com/299287126/files/doc_financials/annual/2013-Letter-to-Shareholders.pdf, accessed April 3, 2021.
19. Brad Porter, in discussion with the author, April 26, 2021.

第10章

1. Bill Carr, author of *Working Backwards,* in discussion with the author, February 3, 2021.
2. Colin Bryar and Bill Carr, *Working Backwards: Insights, Stories, and Secrets from Inside Amazon* (New York: St. Martin's, 2021), 104.
3. Oprah Winfrey, "Oprah's Favorite New Gadget," Oprah.com, https://www.oprah.com/oprahshow/oprahs-favorite-new-gadget/all#ixzz6tdLiW8Qd, accessed June 25, 2021.
4. Press Center, "Press Release: Introducing Amazon Kindle," Amazon, November 19, 2007, https://press.aboutamazon.com/news-releases/news-release-details/introducing-amazon-kindle, accessed December 16, 2021.
5. Montgomery Summit, "Andy Jassy, Amazon Web Services, at the 2015 Montgomery Sum- mit," YouTube, July 14, 2015, https://www.youtube.com/watch?v=sfNdigibjlg, accessed June 25, 2021.
6. Bill Carr, in discussion with the author, February 3, 2021.
7. Ibid.
8. Jason Del Rey, "The Making of Amazon Prime, the Internet's Most Successful and Dev- astating Membership Program," Vox, May 3, 2019, https://www.vox.com/

recode/2019/5/3/18511544/amazon-prime-oral-history-jeff-bezos-one-day-shipping, accessed Decem- ber 16, 2021.

9. CNBC, "Jeff Bezos at the Economic Club of Washington," YouTube, September 13, 2018, https://www.youtube.com/watch?v=xv_vkA0jsyo, accessed June 25, 2021.

10. Brad Stone, *The Everything Store: Jeff Bezos and the Age of Amazon* (New York: Hachette, 2014); University of Washington Foster School of Business, "Working Backwards from the Customer," YouTube, December 8, 2020, https://www.youtube.com/watch?v=SiKyMxmfiss&t=1s, accessed December 16, 2021.

11. Ibid.

12. Ozan Varol, *Think Like a Rocket Scientist: Simple Strategies You Can Use to Make Giant Leaps in Work and Life* (New York: Hachette), 129.

13. Ibid.

14. Ozan Varol, rocket scientist and author of *Think Like a Rocket Scientist*, in discussion with author, November 24, 2020.

15. Ibid.

第11章

1. Brad Stone, *Amazon Unbound: Jeff Bezos and the Invention of a Global Empire* (New York: Simon & Schuster, 2021), 23.

2. Brad Stone, *The Everything Store: Jeff Bezos and the Age of Amazon* (New York: Hachette, 2014).

3. Ibid.

4. "Amazon's Bezos: Control the Ecosystem," CNBC, https://www.cnbc.com/video/2013/09/25/amazons-bezos-control-the-ecosystem.html?play=1, accessed June 25, 2021.

5. Andrew Perrin, "Who Doesn't Read Books in America?," Pew Research Center, September 26, 2019, https://www.pewresearch.org/fact-tank/2019/09/26/who-doesnt-read-books-in-america/, accessed June 25, 2021.

6. James Stavridis, admiral, U.S. Navy (ret), and vice chair of the Carlyle Group, in discus- sion with author, May 18, 2021.

7. "Joyce Carol Oates Teaches the Art of the Short Story," MasterClass, https://www.masterclass.com/classes/joyce-carol-oates-teaches-the-art-of-the-short-story, accessed December 16, 2021.

8. James Stavridis, in discussion with author, May 18, 2021.

9. Ibid.

10. Daniel Lyons, "Why Bezos Was Surprised by the Kindle's Success," *Newsweek*, December 20, 2009, https://www.newsweek.com/why-bezos-was-surprised-kindles-success-75509, accessed June 25, 2021.

11. Brandel Chamblee, Golf Channel analyst, in discussion with the author, June 12, 2021.

12. Tim Ferriss, "David Rubenstein, Co-founder of the Carlyle Group, on Lessons Learned, Jeff Bezos, Raising Billions of Dollars, Advising Presidents, and Sprinting to the End (#495)," *Tim Ferriss Show*, https://tim.blog/2021/01/27/david-rubenstein/, accessed De- cember 16, 2021.

13. David Rubenstein, *How to Lead: Wisdom from the World's Greatest CEOs, Founders, and Game Changers* (New York: Simon & Schuster, 2020), xx.

14. Ibid., xix.

15. Colin Bryar, former VP of Amazon and coauthor of *Working Backwards,* in discussion with the author, February 5, 2021.

16. Ibid.

17. JSTOR, *Bulletin of the American Academy of Arts and Sciences* 34, no. 2 (November 1980), https://www.jstor.org/journal/bullameracadarts?refreqid=fastly-default%3A9f38b 484f7773b99901d4e36f711a5d4, accessed December 16, 2021.

第12章

1. Carmine Gallo, "College Seniors: 65% of Recruiters Say This One Skill Is More Import- ant Than Your Major," *Forbes,* April 30, 2017, https://www.forbes.com/sites/carminegallo/2017/04/30/college-seniors-65-percent-of-recruiters-say-this-one-skill-is-more-important-than-your-major/?sh=7d5d119c757c, accessed April 11, 2021.

2. Don Tennant featuring Carmine Gallo, "Presentation Skills Linked to Career Success, Sur- vey Finds—IT Business Edge," Carmine Gallo, https://www.carminegallo.com/presentation-skills-linked-to-career-success-survey-finds-it-business-edge/, accessed April 11, 2021.

3. Jeff Bezos, "Jeff Bezos—March 1998, Earliest Long Speech," YouTube, https://www.youtube.com/watch?v=PnSjKTW28qE&t=6s, accessed April 11, 2021.

4. Jeff Bezos, "The Electricity Metaphor for the Web's Future," TED, 2003, https://www.ted.com/talks/jeff_bezos_the_electricity_metaphor_for_the_web_s_future/transcript?language=en#t-1013417/, accessed April 11, 2021.

5. Jeff Bezos, "Going to Space to Benefit Earth (Full Event Replay)," YouTube, May 9, 2019, https://www.youtube.com/watch?v=GQ98hGUe6FM, accessed April 11, 2021.

6. Steve Jobs, "Steve Jobs Early TV Appearance.mov," YouTube, February 5, 2011, https:// www.youtube.com/watch?v=FzDBiUemCSY, accessed April 13, 2021.

7. Steve Jobs, "Steve Jobs iPhone 2007 Presentation (HD)," YouTube, May 13, 2013, https://www.youtube.com/watch?v=vN4U5FqrOdQ, accessed April 13, 2021.

第13章

1. 1997 Amazon Shareholder Letter, https://s2.q4cdn.com/299287126/files/doc_

financials/ annual/Shareholderletter97.pdf, accessed February 15, 2021.

2. John P. Kotter, "Leading Change: Why Transformation Efforts Fail," *Harvard Business Review,* May–June 1995, https://hbr.org/1995/05/leading-change-why-transformation-efforts-fail-2, accessed December 16, 2021.

3. 1998 Amazon Shareholder Letter, https://s2.q4cdn.com/299287126/files/doc_financials/annual/Shareholderletter98.pdf, accessed February 15, 2021.

4. CNBC, "Jeff Bezos in 1999 on Amazon's Plans Before the Dotcom Crash," YouTube, February 8, 2019, https://www.youtube.com/watch?v=GltlJO56S1g, accessed December 16, 2021.

5. "Video from Jeff Bezos About Amazon and Zappos," YouTube, July 22, 2009, https://www.youtube.com/watch?v=-hxX_Q5CnaA, accessed December 16, 2021.

6. "Inc.: Why I Sold Zappos," Delivering Happiness, https://blog.deliveringhappiness.com/blog/inc-why-i-sold-zappos, accessed December 16, 2021.

7. "Video from Jeff Bezos About Amazon and Zappos," YouTube.

8. David Rubenstein, "Amazon CEO Jeff Bezos on the David Rubenstein Show," YouTube, September 19, 2018, https://www.youtube.com/watch?v=f3NBQcAqyu4, accessed De- cember 16, 2021.

9. CNBC, "Steve Jobs 1997 Interview: Defending His Commitment to Apple/CNBC," You- Tube, April 27, 2018, https://www.youtube.com/watch?v=xchYT9wz5hk, accessed De- cember 16, 2021.

10. Jose E. Puente, "Steve Jobs Holding a Small Staff Meeting in Sept 23, 1997," YouTube, https://www.youtube.com/watch?v=8-Fs0pD2Hsk, accessed December 16, 2021.

11. Guy Kawasaki, chief evangelist of Canva and creator of *Guy Kawasaki's Remarkable People* podcast, in discussion with the author, February 15, 2019.

12. John Mackey, cofounder of Whole Foods, in discussion with the author, November 6, 2020.

13. John Mackey, Steve McIntosh, and Carter Phipps, *Elevating Humanity Through Business: Conscious Leadership* (New York: Penguin Random House, 2020), 17.

14. "Leverage the Power of Purpose," *Wall Street Journal,* https://deloitte.wsj.com/articles/leverage-the-power-of-purpose-01575060972, accessed December 16, 2021.

15. John Mackey et al., *Elevating Humanity,* 17.

16. Hubert Joly with Caroline Lambert, *The Heart of Business: Leadership Principles for the Next Era of Capitalism* (Boston: Harvard Business Review Press, 2021), 270.

17. "Medtronic Mission Statement," Medtronic, https://www.medtronic.com/me-en/about/mission.html, accessed December 16, 2021.

18. Ibid.

19. Ibid.

20. Michael Moritz, partner at Sequoia Capital, in discussion with the author, October 23, 2015.

第14章

1. Amazon Web Services, "2012 re:Invent Day 2: Fireside Chat with Jeff Bezos & Werner Vogels," YouTube, November 29, 2012, https://www.youtube.com/watch?v=O4MtQGRIIuA, accessed July 1, 2021.
2. 10,000 Year Clock, http://www.10000yearclock.net/learnmore.html, accessed July 1, 2021.
3. Bill Carr, author of *Working Backwards*, in discussion with the author, February 3, 2021; "Amazon Empire: The Rise and Reign of Jeff Bezos," PBS, https://www.pbs.org/wgbh/frontline/film/amazon-empire/transcript/, accessed December 16, 2021.
4. John Rossman, *Think Like Amazon: 50 and a Half Ways to Become a Digital Leader* (New York: McGraw Hill, 2019), 66.
5. Marc Randolph, *That Will Never Work: The Birth of Netflix and the Amazing Life of an Idea* (New York: Little, Brown, 2019), 150.
6. John Mackey, Steve McIntosh, and Carter Phipps, *Elevating Humanity Through Business: Conscious Leadership* (New York: Penguin Random House, 2020), 20.

第15章

1. Academy of Achievement, "Jeff Bezos, Academy Class of 2001, Full Interview," YouTube, July 12, 2016, https://www.youtube.com/watch?v=s7ZvBy1SROE, accessed June 27, 2021.
2. Andrew Cave, "What Will We Do When the World's Data Hits 163 Zettabytes in 2025?," *Forbes*, April 13, 2017, https://www.forbes.com/sites/andrewcave/2017/04/13/what-will-we-do-when-the-worlds-data-hits-163-zettabytes-in-2025/?sh=39ee1511349a, ac- cessed December 16, 2021.
3. Ilyse Resnick, Nora S. Newcombe, and Thomas F. Shipley, "Dealing with Big Numbers: Representation and Understanding of Magnitudes Outside of Human Experience," *Cog- nitive Science* 41, no. 4 (2017): 1020–2041, accessed June 27, 2021, https://onlinelibrary.wiley.com/doi/full/10.1111/cogs.12388.
4. Jeff Bezos, "Jeff Bezos—March 1998, Earliest Long Speech," YouTube, https://www.youtube.com/watch?v=PnSjKTW28qE&t=6s, accessed April 11, 2021.
5. Jeff Bezos, "Letter to Shareholders," Amazon, 1997, https://s2.q4cdn.com/299287126/files/doc_financials/ annual/Shareholderletter97.pdf, accessed February 15, 2021.
6. Jeff Bezos, "Letter to Shareholders," Amazon, 2001, https://s2.q4cdn.com/299287126/files/doc_financials/annual/2001_shareholderLetter.pdf, accessed June 27, 2021.
7. Blue Origin, "Going to Space to Benefit Earth (Full Event Replay)," YouTube, May 9, 2019, https://www.youtube.com/watch?v=GQ98hGUe6FM, accessed December 16, 2021.
8. Jeff Bezos, "Letter to Shareholders," Amazon, 2020, https://www.aboutamazon.com/news/company-news/2020-letter-to-shareholders, accessed April 29, 2021.

9. Brent Dykes, "Data Storytelling: The Essential Data Science Skill Everyone Needs,"*Forbes,* March 31, 2016, https://www.forbes.com/sites/brentdykes/2016/03/31/data-storytelling-the-essential-data-science-skill-everyone-needs/?sh=2381f06052ad, accessed December 16, 2021.
10. CNBC, "Jeff Bezos at the Economic Club of Washington (9/13/18)," YouTube, https:// www.youtube.com/watch?v=xv_vkA0jsyo, accessed December 16, 2021.
11. Ibid.

第16章

1. "Doris Kearns Goodwin Teaches U.S. Presidential History and Leadership," MasterClass, https://www.masterclass.com/classes/doris-kearns-goodwin-teaches-us-presidential-history-and-leadership, accessed December 16, 2021.
2. TEDx Talks, "Quantum Physics for 7 Year Olds, Dominic Walliman, TEDxEastVan," YouTube, May 24, 2016, https://www.youtube.com/watch?v=ARWBdfWpDyc, accessed December 16, 2021.
3. Kurt A. Carlson and Suzanne B. Shu, "When Three Charms but Four Alarms: Identify- ing the Optimal Number of Claims in Persuasion Settings," https://journals.sagepub.com/doi/10.1509/jm.11.0504, accessed December 16, 2021.
4. Dominick Reuter and Megan Hernbroth, "How Founders Can Use the 'Rule of 3' to Prepare Your Pitch and Quickly Raise Vital Funding to Launch Your Startup," *Business Insider,* August 11, 2020, https://www.businessinsider.com/how-to-pitch-startup-rule-of-3-founders-raise-most-seed-pitches, accessed December 16, 2021.
5. Dan Michel, "The Entrepreneur-Turned-Clothier Shares His Biggest Obstacles— Behind Creating UNTUCKit," UNTUCKit, https://www.untuckit.com/blogs/style/off-the-cuff-chris-riccobono, accessed December 16, 2021.

結論

1. CNBC, "Jeff Bezos at the Economic Club of Washington (9/13/18)," YouTube, https:// www.youtube.com/watch?v=xv_vkA0jsyo, accessed December 16, 2021.
2. Shane O'Mara, "Why Walking Matters—Now More Than Ever," *Wall Street Journal,* April 18, 2020, https://www.wsj.com/articles/why-walking-mattersnow-more-than-ever-11587182460?mod=searchresults&page=1&pos=1, accessed December 16, 2021.
3. Charlie Rose, "A Conversation with Amazon's Founder and Chief Executive Officer, Jeff Bezos," Power of Questions, October 27, 1016, https://charlierose.com/videos/29412, accessed December 16, 2021.
4. Walter Isaacson, *Invent and Wander: The Collected Writings of Jeff Bezos, with an Intro- duction* (Boston: Harvard Business Review Press, 2020), 4.

5. Catherine Clifford, "Jeff Bezos: You Can't Pick Your Passions," CNBC, February 7, 2019, https://www.cnbc.com/2019/02/07/amazon-and-blue-origins-jeff-bezos-on-identifying-your-passion.html, accessed December 16, 2021.
6. 2020 Amazon Shareholder Letter, https://s2.q4cdn.com/299287126/files/doc_financials/2021/ar/Amazon-2020-Shareholder-Letter-and-1997-Shareholder-Letter.pdf, accessed December 16, 2021.

國家圖書館出版品預行編目 (CIP) 資料

貝佐斯的致勝溝通：亞馬遜稱霸全世界的溝通祕訣 / 卡曼 . 蓋洛 (Carmine Gallo) 著；
呂佩憶譯 . -- 初版 . -- 臺北市：遠流出版事業股份有限公司 , 2023.07
　　面；　　公分
譯自 : The Bezos blueprint : communication secrets of the world's greatest salesman
ISBN 978-626-361-130-6(平裝)

1.CST: 貝佐斯 (Bezos, Jeffrey) 2.CST: 商務傳播 3.CST: 溝通技巧 4.CST: 職場成功法

494.2   112007692

貝佐斯的致勝溝通：
亞馬遜稱霸全世界的溝通祕訣

作者／卡曼・蓋洛
翻譯／呂佩憶
主編／周明怡
封面設計／萬勝安
內頁排版／菩薩蠻電腦科技有限公司

發行人／王榮文
出版發行／遠流出版事業股份有限公司
104005 台北市中山北路一段 11 號 13 樓
郵撥／ 0189456-1
電話／ (02)2571-0297　傳真／ (02)2571-0197
著作權顧問／蕭雄淋律師

2023 年 7 月 1 日 初版一刷
售價新臺幣 470 元（缺頁或破損的書，請寄回更換）
有著作權・侵害必究　Printed in Taiwan
http://www.ylib.com
e-mail:ylib@ylib.com